北京建筑物抗震性能普查平台建设

罗桂纯　郑立夫　刘　博　著

地　震　出　版　社

图书在版编目（CIP）数据

北京建筑物抗震性能普查平台建设 / 罗桂纯, 郑立夫, 刘博著. -- 北京 : 地震出版社, 2020.6

ISBN 978-7-5028-5097-5

Ⅰ. ①北… Ⅱ. ①罗… ②郑… ③刘… Ⅲ. ①建筑物—抗震性能—普查—信息化建设—北京 Ⅳ. ①TU352.1-39

中国版本图书馆CIP数据核字(2019)第274541号

地震版　XM4892 / TU（6040）

北京建筑物抗震性能普查平台建设

罗桂纯　郑立夫　刘　博　著

责任编辑：范静泊

责任校对：凌　樱

出版发行：地震出版社

北京市海淀区民族大学南路9号　　邮编：100081

发行部：68423031　68467991　　传真：68467991

总编办：68462709　68423029

编辑四部：68467963

E-mail：dz_press@163.com

http：//seismologicalpress.com

经销：全国各地新华书店

印刷：河北文盛印刷有限公司

版（印）次：2020年6月第一版　2021年4月第一次印刷

开本：787 × 1092　1/16

字数：232千字

印张：11.25

书号：ISBN 978-7-5028-5097-5

定价：60.00元

序

北京是我国的首都，也是世界上为数不多发生过 8 级以上强震、地震基本烈度高达Ⅷ度的首都特大城市之一。北京地处华北平原断裂带、山西断陷盆地带和张家口－渤海地震构造带的交汇部位。历史上，曾发生过多次破坏性地震，如 1057 年北京南的 6¾ 级地震，1484 年北京居庸关的 6¾ 级地震，1536 年北京通县 6 级地震，1665 年北京通县西 6½ 级地震，1679 年三河－平谷 8 级地震，1730 年北京西北郊 6½ 级地震等，地震对北京可持续发展的威胁不容忽视。

尤其是北京的盆地构造，深厚土层对地震动的放大作用使其面临更加严峻的地震威胁。如 1985 年墨西哥 8.1 级大震致使盆地内软厚沉积层上的几千幢高层建筑遭受到不同程度的破坏，其中 210 幢倒坍，但低矮建筑基本无恙。1999 年台湾集集 7.3 级地震中，台北盆地虽然远离震中约 150km，但高层建筑的震害也很严重，其中 15 层以上建筑有 68 栋遭受不同程度的破坏。2010 年，智利中部近岸 8.8 级特大地震中，距离震中 100 公里的康塞普西翁盆地内厚沉积土层地区有 57 栋高层建筑受损，其中 7 栋受损严重的高层建筑需要推倒或重建。而这种放大效应，对于高楼林立的北京来说，可能产生更强的破坏作用。

多年来，北京市委、市政府致力加强防震减灾综合能力建设，取得明显成效。持续开展推进全市棚户区和城乡危房改造、城乡结合部建设以及老城区平房院落修缮改造，继续实施农民住宅抗震节能改造。大力推进城市地下管廊建设，提高城市重要基础设施和基本公共服务设施的抗震能力，特别要有效降低学校、医院等设施因灾造成的损毁程度，最大限度地保持功能延续性。推进桥梁、水库、市政管线等基础设施，易燃易爆、有毒有害等潜在危险源及文物古建筑等的抗震隐患排查和除险加固。消除北京核心功能设施抗震隐患，提升城市基础设施抗御大震巨灾的保障能力和安全运行水平。减少非结构构件破坏、高空坠物等灾害造成的损失。但目前尚未从根本上消除地震高风险。如：老旧小区、棚户区、城乡结合部、文物古建筑、农民住宅仍然是抗震能力薄弱之处；人均应急避难场所面积严重不达标；防震减灾宣传教育普及率有待继续提升；政策、法规、标准、规范及配套的管理机制和制度保障体系亟待进一步健全。如果再次发生类似1679年三河－平谷8级地震，政府和公众最关注的问题就是房屋的抗震能力是什么样的？在地震作用下，会有多少房子遭到什么程度的破坏？什么地方的受灾程度最严重？救援力量应该怎么合理配置？地震灾害情景构建，希望通过基于地震风险源探测、场地效应和建筑结构抗震能力评估等，给出北京地区在不同地震作用下，市、区、街道、重点单体建筑四个不同维度和精度的地震灾害风险，构建地震灾害情景，解决和回答上述问题。这是为政府提供抗震救灾工作部署、救援力量派遣、救灾物资调配等的重要辅助决策建议的技术支撑。

建筑物抗震性能普查工作是地震灾害情景构建的基础。通过建筑物抗震性能普查工作，摸清北京市建筑物的承灾能力，获得准确的建筑物基础信息和数据。建设北京市建筑物抗震性能普查平台，首先以高分辨率卫星影像数据为底图，提取全市16区范围房屋建筑单体矢量数据，作为房屋建筑实地调查的基础底图数据。然后利用外业调查app，开展全市范围内的单体建筑物数据外业调查，收集包括建筑物名称、层数、建造年代、功能用途等在内的多个建筑物属性数据，形成全市范围内1：2000地震承灾体数据库，基于此数据库，形成房屋建筑抗震性能展示平台，展示承灾体的承灾能力。按照设定地震和不同概率水准地震作用，开展地震灾害风险评估，构建全市地震灾害情景，是地震应急和辅助决策的重要支撑。

本书共分为九章，第一章介绍了平台的建设背景及建设的意义，第二章对平台的总体需求及建设内容进行了分析，第三章为平台总体架构设计及技术思路，第四章为平台标准规范体系建设，第五至八章主要介绍了基于本次项目的相关成果，第九章介绍了平台关键技术及运行环境。

多年以来，作者从事地震灾害情景构建工作，希望通过结合北京地区历史震例、地震危险性、建筑物抗震性能和人口经济等状况的调查研究，对预设地震的强度、破坏程度、波及范围、后果严重性等进行评判和估计，并依此评估该区域应急能力，完善地震应急预案，开展地震应急演练，提升该区域地震应急准备能力。

北京市地震灾害情景构建，是北京市地震局“地震灾害情景构建团队”多年来一直努力推动的方向，通过构建从市、区、街道、单体等多维度、不同精度的地震灾害情景，为北京地震安全韧性城市建设提供技术支撑，并最终形成服务于专业、政府和社会的产品。在地震灾害情景构建工作推进过程中，得到了“地震灾害情景构建团队”成员及北京市地震局很多同事的鼎力支持，中国地震局工程力学研究所、哈尔滨工程大学、中国建筑科学研究院、清华大学、北京市测绘院等合作科研机构的配合支持，同时得到了相关 GIS 服务、数据服务公司的技术支持，在此一并表示感谢。

本书得到了“大中城市地震灾害情景构建”重点专项 2016QJGJ01 和 2018QJGJ04、2015 北京市财政专项、2016 年北京市财政专项、2018 北京市财政专项等项目的资助和支持。

罗桂纯

2019 年 8 月于北京

目录

第1章

平台建设背景及意义

中国地震局《新时代防震减灾事业现代化纲要（2019—2035）》明确提出“加快发展现代化地震基本业务，其中着重提出要健全地震灾害风险调查评估业务，开展地震灾害风险调查及地震灾害风险评估”。中国地震局《地震灾害风险防治体制改革顶层设计方案》要求“以摸清我国地震灾害风险底数为目标，完善工作机制，组织开展系统化的地震灾害风险调查业务工作，查清房屋设施等主要承灾体的抗震性能”。开展北京建筑物抗震性能普查，是摸清北京地震灾害风险隐患底数、开展北京地震灾害风险评估的基础。

北京的历史地震和强震构造背景决定北京未来始终面临地震灾害风险。一旦发生较大地震，形成复杂的灾害链，生命和财产损失难以估量。历次地震灾害揭示，地震造成的人员伤亡和经济损失，主要由建筑结构的倒塌破坏引起。为减少地震灾害损失，制定合理的防震减灾规划和策略，有必要对潜在地震灾害造成的结构破坏和人员伤亡进行评估，其中建筑物抗震性能等基础数据的完善是震前风险评估和震后损失评估的重要基础。

依据相关的国家政策和法规标准，开展北京建筑物抗震性能普查工作，建设北京市/区一体化的建筑物抗震性能普查平台和数据展示平台，形成北京市 1：2000 地震承灾体数据库开展地震灾害风险评估，构建北京市的地震灾害情景，为市委市政府在地震灾害防治以及地震应急救援工作中提供辅助决策意见，有效服务北京的地震安全韧性城市建设，提高北京的自然灾害防治能力。

1.1 建设背景

北京处于华北平原、山西和张家口 – 渤海三大地震带交汇部位，活动断裂发育，地震灾害严重，是中国大陆唯一发生过 8 级地震的大城市，和东京、墨西哥城并列为世界上仅有的三个Ⅷ度设防超大型首都城市。千年以来，北京行政区内发生 6 级以上地震 6 次，间隔长则 400 年，短则数十年。北京平原区孕育着强烈地震的活断层隐藏在城市下方深厚的土层之下，尚未完全探知。

清康熙十八年七月廿八日巳时（1679 年 9 月 2 日），三河—平谷发生 8 级大地震，据《中国地震目录》（公元前 1831 年—公元 1969 年）描述，“地震所及东至辽宁之沈阳，西至河南之安阳，凡数千里，而三河平谷最惨”。其中极震区包括三河、平谷，情况之惨烈如书中描述，三河“城垣房屋存者无多，计剩房屋五十间有半。县西三十余里及柳河屯，则地脉中断、落二尺许，渐西北至东务里，则东南界落五尺许，又北至潘各庄，则正南界落一丈许。阖境似甑之脱怀，人几为鱼鳖。四面地裂，黑水涌出。压死男女大小 2677 人。自被灾以来，九阅月矣，或一月数震，或间日一震，迄今尚未镇静。”如此惨痛的灾难情景，如今还深烙在人民心中。

北京既具有发生强震的构造背景，亦有大震的惨痛历史烙印。随着人口、财富、社会功能和政治功能的日益集中，北京面临的地震灾害风险日益增大。这样的城市和社会一旦遭受强烈地震的袭击，会在瞬间失去原来的稳定状态而丧失城市功能。例如，地震应急指挥技术系统的保守计算报告指出，如果 1679 年三河平谷 8 级大地震再现，地震灾害和各类次生灾害将导致北京行政区范围内超过 2 万人死亡，数万人受重伤，灾区总人口超过 1400 万人，直接经济损失可能超过万亿元。届时，建筑物倒塌、交通中断、电力系统瘫痪、通讯受阻、油气管网功能失效、有毒（放射性）物质泄漏、山体崩塌发生滑坡泥石流、水库崩塌、旅游景点和自然保护区遭到扰动、文物及古建筑遭受破坏、医院学校及其他重要建筑功能失效、社会恐慌、国家政治安全受到威胁等一系列复杂的城市脆弱性风险暴露无遗。

如果在北京发生如此规模的巨大灾害，对其进行援助超出了周边其他城市的能力，而且，不管是救援还是恢复重建，都会对国家经济产生非常大的影响和压力。如何缓解并尽量减少这种外来的冲击和扰动，让城市有良好的适应调整能力，美国、英国和日本等国家的韧性城市建设给了我们较好的示范和启示。传统上，城市的应急策略重心是灾后规划，城市遭受破坏之后力图在最短时间内回到原始状态的工程思想没有充分考虑利益相关者在城市调整过程中的角色和创造的价值。相比之下，“韧性城市”强调通过对规划技术、建设标准等物质层面和社会管治、民众参与等社会层面相结合的系统构建过程，全面增强城市的结构适应性。

因此，我们也必须在灾难来临之前采取行动，开展韧性城市建设，坚持以防为主、防抗救相结合，坚持常态减灾和非常态救灾相统一，努力实现从注重灾后救助向注重灾前预防转变，从应对单一灾种向综合减灾转变，从减少灾害损失向减轻灾害风险转变，全面提升全社会抵御自然灾害的综合防范能力，逐步提高城市抗御地震灾害的能力。

逐渐形成的城市和社会不是一朝一夕能够改变的，将对策全部付诸行动也绝非易事。尽管如此，不应等到灾害发生了才起而应对，个人、家庭、企业、社区、政府乃至整个国家应当共同努力，采取切实有效的具体措施，构建韧性北京，尽可能减轻未来可能发生的灾害。

出于对经济效率和富足生活的追求，我国大量人口和社会组织集中于城市之中。北京的建筑和功能的密度都非常高，它们之间具有复杂的相互关系，并由此形成了高效的社会系统。目前的城市并不具备抗御大地震等大规模外部作用的能力，一旦发生大地震，社会系统会瞬间遭到破坏，引发惨重的地震灾害。1679 年三河—平谷大地震，通州西集喷砂冒水严重，房屋倒塌无数；1985 年墨西哥地震，因为盆地放大效应几乎将市区夷为平地；1995 年阪神地震后，引发的火灾烧毁了大半个市区；2008 年汶川发生特大地震，严重的地震地质灾害让人不寒而栗；2011 年日本“3·11”地震引发的海啸和核电站泄漏事件，震惊世界；2011 年新西兰基督城地震，70% 的建筑没有修复价值被迫拆除，拆除和修复时间可能长达数年……地震灾害不断刷新我们对灾难的认知，诸如此类从未出现过的灾害情景有可能真的发生。

另一方面，北京高楼林立，国贸、CBD、中关村……大量超高超限建筑如雨后春笋般出现；同时，大量老旧建筑、老旧生命线管网和未设防建筑亦是多不可数，北京中心城区、城乡结合部和远郊区域的建筑是未来的抗震隐患。这些都是目前我们所面临的巨大挑战：新型建筑和新型基础设施缺乏实际震害考验，外围非结构构件的坠物次生灾害越来越突出，大量老旧未设防建筑是解决城市抗震防灾能力的短板，市民和政府对地震缺乏直观感性的认识，同时又缺乏备灾救灾的实际震害经验和经济调控手段，拆除和恢复重建的费用及时间是我们城市发展的致命一击。

人类的力量并不能阻止自然现象的发生，为此需要考虑灾后的应对。但是与此同时，有必要在灾害发生之前就从软硬两个方面入手，开展韧性城市建设，采取切实有效的措施，确保大地震时的人员安全，避免人民生活和社会活动水平的下降。

应针对发生频率低但破坏力巨大的地震灾害，同时考虑冰冻、暴雨、火灾、社会动荡、政治功能中断等多重灾害，基于最新科学知识和丰富的想象力，深入思考可能出现的各种灾害场景，用底线思维构建地震灾害情景，给政府和公众一个直观感性的认识，防患于未然，努力实现韧性城市目标。

地震灾害情景构建工作注重震前的地震灾害风险评估，地震灾害风险评估的一项重要工作基础是摸清北京市重要建筑物的承灾能力，获得准确的建筑物基础信息和数据；建设北京建筑物抗震性能普查平台，开展全市范围内的单体建筑物数据调查，收集包括建筑物轮廓、高度、建造年代等在内的多个建筑物属性数据，形成全市范围内 1∶2000 地震承灾体数据库，摸清重要承灾体的承灾能力；按照设定地震和不同概率水准地震作用，开展地震灾害风险评估，构建全市地震灾害情景，是地震应急和辅助决策的重要支撑。

1.2 建设依据

1.2.1 政策法规类依据

目前我国有关防震减灾的政策、法规如下：

- 《中华人民共和国防震减灾法》。

国家鼓励、支持防震减灾的科学技术研究，逐步提高防震减灾科学技术研究经费投入，推广先进的科学研究成果，加强国际合作与交流，提高防震减灾工作水平。

- 北京市实施《中华人民共和国防震减灾法》规定。

市和区、县人民政府应当将防震减灾工作经费列入财政预算，保障防震减灾规划和工作计划的实施。市和区、县人民政府应当完善地震应急决策、指挥、预警、处置、响应、善后等各项工作机制。

- 《中共中央　国务院关于推进防灾减灾救灾体制机制改革的意见》。

通过国家科技计划（专项、基金等）对符合条件的防灾减灾救灾领域科研活动进行支持，加强科技条件平台建设，发挥现代科技作用，提高重大自然灾害防范的科学决策水平和应急能力。

- 国家防震减灾规划（2016—2020 年）。

完善突发地震事件处置机制，提高各级政府应急处置能力。

- 北京市地震局“十三五”时期事业发展规划。

推进灾情快速预评估的数据、模型和应用本土化。

- 《北京城市总体规划（2016—2035 年）》。

提出推进韧性城市建设，提高城乡灾害防范能力。

- 《国家地震科技创新工程》。

明确推进“透明地壳”“解剖地震”“韧性城乡”和“智慧服务”四项科学计划。

1.2.2 技术类标准规范

1.2.2.1 行业与地理信息类标准

主要参照的行业与地理信息标准如下：

- 《地理空间框架基本规定（征求意见稿）》。
- 《地理信息公共平台基本规定（征求意见稿）》。
- 《基础地理信息数据库基本规定（征求意见稿）》。
- 《“大中城市地震灾害情景构建”基础数据库格式规范（试行）》。
- 《地震灾害损失评估工作规定》。
- GB/T 15660—1995《地形图要素分类与代码》。
- GB/T 18317—2001《专题地图信息分类与代码》。
- GB/T 19710—2005《地理信息元数据》。
- GB/T 17798—1999《地球空间数据交换格式》。

- GB/P 21740—2008《基础地理信息数据库建设规范》。
- CH/T 9007—2010《基础地理信息数据库测试规程》。
- GB50011—2010《建筑抗震设计规范》。
- GB50191—2012《构筑物抗震设计规范》。
- GB 50223《建筑工程抗震设防分类标准》。
- GB 50023《建筑抗震鉴定标准》。
- GB50007—2011《建筑地基基础设计规范》。
- GB17741—2005《工程场地地震安全性评价》。
- GB/T19428—2014《地震灾害预测及其信息管理系统技术规范》。
- GB 18306—2015《中国地震动参数区划图》。

1.2.2.2 软件类标准

软件标准如下：

- GB/T 11457—89《软件工程术语》。
- GB 8566—88《软件开发规范》。
- GB/T 14079—93《软件维护指南》。
- GB 8567—88《计算机软件产品开发文件编制指南》。
- GB 9386—88《计算机软件需求说明编制指南》。
- GB 9385—88《计算机软件测试文件编制指南》。
- GB/T 12505—90《计算机软件配置管理计划规范》。
- GB/T 12504—90《计算机软件质量保证计划规范》。
- GB/T 14394—93《计算机软件可靠性和可维护性管理》。
- GB 8566—88《计算机软件开发规范》。
- 《计算机软件工程规范国家标准汇编 2003 版》。
- ISO 6592《计算机应用系统文件编制指南》。

1.2.2.3 其他类

- 《计算机及其设备技术条件与检测国家标准》。
- IEC 435《数据处理设备的安全》。
- IEEE802.3《以太网 10Base—T 标准》。

- IEEE802.3Z《千兆以太网标准》。
- IEEE 802.3 10Base—T《光纤分布数据接口（FDDI）标准》。
- ISO 11161—1994《工业自动化集成制造系统 安全基本要求》。

1.3 建设意义与应用价值

1.3.1 建设意义

北京市作为我国的政治文化中心，就像中国的“心脏”，心脏一旦遭到大震，全身都会备受打击。随着社会经济不断发展，伴随新型城镇化进程的不断加快，越来越多的农村人口涌入城镇，使得北京市人口不断增加、基础设施负荷加重，对北京市防灾减灾能力建设提出了新的考验（图 1–1）。

历次地震灾害造成了巨大的人员伤亡和经济损失，Coburn 等（2002）指出地震中 75% 的人员伤亡由建筑结构的倒塌破坏造成，为了减少地震灾害损失，制定合理的防震减灾决策，有必要对潜在地震灾害造成的结构破坏和人员伤亡进行估计，而其中建筑物信息等基础数据的完善是震前风险评估和震后损失评估的重要基础，决定着评估结果的精度。然而，地震部门目前并未掌握北京地区建筑物的分布状况及其基本特征，成为了震防应急工作开展的瓶颈。

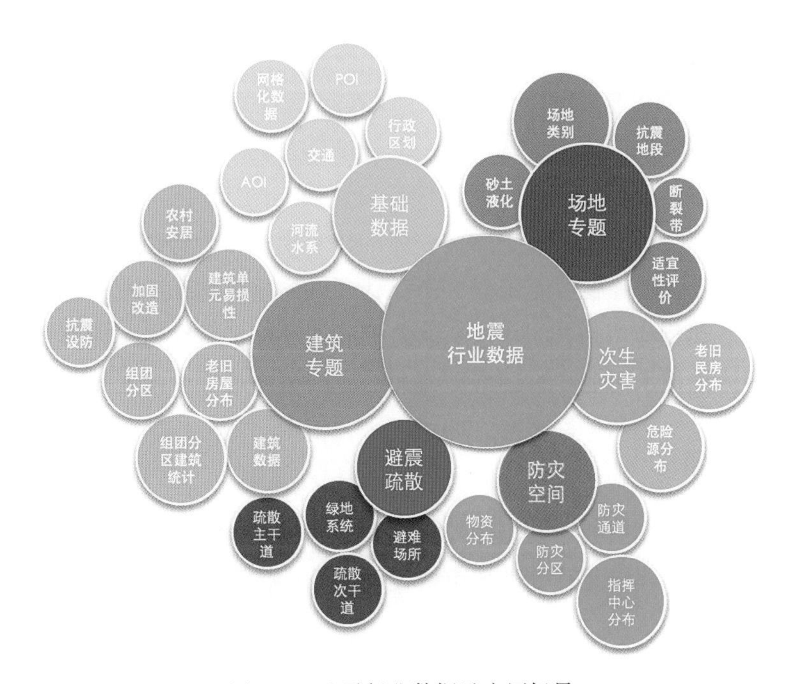

图 1–1　地震行业数据及应用场景

目前，国内高精度承灾体数据基本上是基于普查数据（人口普查、经济普查等）结合行政区划数据、道路数据、DMSP/OLS 数据等加权平均到 30″ ×30″ 经纬度大小（在赤道附近有约 1km 的分辨率）的格网数据。此类数据其基础数据来源简单（统计部门），生产方便、快捷，从研究的角度，基本能从宏观上体现出地区人口、经济、建筑分布情况，然而，从实际应用的角度来说，格网数据的精度依然无法满足实际需求：①承灾体数据在空间上并非均匀分布。②不同区域、城镇承灾体不同，其脆弱性不同。③不够精细，如建筑物格网数据，结构类型相对单一，且无法附加建筑物年代、建筑高度、房屋现状、用途等属性信息，影响评估准确性，基于格网数据并不能做出科学评价，并且由于其数据的更新亦受制于国家相关部门的统计数据，时效性难以保证。因此，构建平震结合的防震减灾数据库，丰富地震行业数据的应用场景，是非常重要的工作。

汶川地震发生后，国家越来越重视城镇防震减灾社会服务能力的提升，城镇建设、农居工程也越来越重视房屋的抗震性能。然而发生在云南鲁甸的 6.5 级地震共造成 615 人死亡，108.84 万人受灾。小震大灾的背后反映出的除了当地房屋抗震性能差，还反映出了基层地震工作部门由于缺少科技能力的支撑、缺少专业人员、缺少本辖区必要的基础信息，造成基层地震工作部门防震减灾管理和服务能力不足、灾害应急能力低、社会公众防灾避险意识差的问题。

因此，构建超高精度、基于单体的北京市建（构）筑物抗震性能普查库是北京市地震局全面筛查建筑物抗震性能、摸排全市抗震性能薄弱环节、构建平震结合城市防震减灾体系的唯一手段和重要诉求。

另外，随着震防 GIS 应用的深入和推广，在抗震规划、应急评估、抗震设防、应急辅助决策等领域已有较深的应用，构建“一套标准体系、一个基础震防信息中心、一套震防信息服务平台、多个典型应用示范及支撑环境建设”的市 / 区两级一体化的震防信息资源平台，实现以市带区、以市管区、市区一体的技术模式，为各级部门提供权威、高效的 GIS 震防服务，一方面是抗震性能普查工作顺利开展的重要辅助手段，也为后期震害风险评估、震情评估等典型应用搭建了可横 / 纵向扩展的基础平台，另一方面也解决了区县级别震防单位管理运维技术门槛高、运维压力大、应用拓展难等一系列问题。

1.3.2 应用价值

本项目应用于“震前”“震中”“震后”的规划、布局、分析和决策，构建“平震结合”，服务于地震灾害情景构建、北京韧性城市建设的基础性抗震性能时空大数据框架，其核心应用价值如图 1–2 所示。

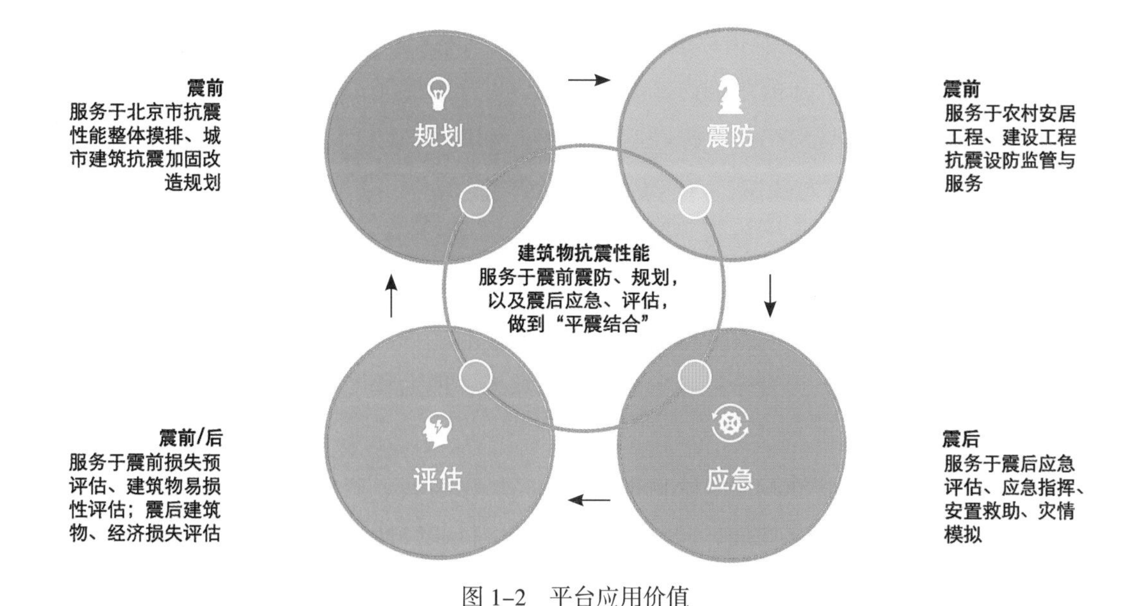

图 1-2　平台应用价值

1.3.2.1 构建北京建筑物抗震性能数据库

北京抗震性能普查库是本次普查的核心成果库，主要包括内业数据处理得到的建筑物平面形状及外业调查获取的建筑物结构形式、层数、用途、建筑年代等建筑物抗震性能信息，为后续抗震设防规划、老旧房屋抗震加固、震害评估预测、应急辅助决策等工作的开展，提供了重要基础性数据，平时为北京市建设发展和震害防御服务，震时能迅速提供盲估结果和辅助决策分析信息。

1.3.2.2 全面筛查北京建筑物抗震性能

本次普查是对北京建筑物的一次抗震性能的全面“体检”，通过本次普查，全面掌握北京市相关抗震性能分布情况，重点筛选出抗震性能薄弱的区域，为后续抗震防灾规划的编制或修订，做到“心中有数”。

同时，基于建筑物抗震性能普查结果，有以下优势：

（1）掌握基础抗震性能分布情况：可按建筑物结构、用途、层数、年代、抗震设防级别等统计出相关建筑物的抗震性能所占比例等信息。

（2）分析、总结抗震指标：将相关基础抗震指标结合，可分析、总结出不同年代建筑物结构分布、不同用途下建筑物年代分布等相关信息。

（3）深入数据挖掘：结合断层、场地、砂土液化、地震动参数等相关信息。深入分析挖掘抗震性能强弱的区域分布情况，亦可模拟输入地震情况时建筑物在地震作用下的破坏程度等更深层次的震防产品。

除了在横向上对抗震性能指标进行分析挖掘外，纵向上可从市、区 / 县到乡 / 镇、街道 / 村不同维度和精度下分析建筑物抗震性能的空间分布特征，为地震应急和损失快速评估服务，并可据此提出应对措施，提高城市震害防御能力。

1.3.2.3 服务韧性城市建设，提高城乡震害防范能力

推进韧性北京城市建设，是落实党中央关于重点防范重大自然灾害风险要求，提升首都防灾减灾救灾能力，加快建设国际一流和谐宜居之都的有效举措。北京是世界上仅有的3个人口超过千万、地震基本烈度高达Ⅷ度的首都城市之一，如何消减地震安全隐患、提高各类建筑物抗震性能、提升全社会的防震减灾意识、最大程度降低灾害风险是北京市防震减灾的重要任务。

韧性城市的核心：快速响应、降低损失、保持城市运转、避免衍生事件，都要求防震减灾部门充分了解辖区抗震性能，同时，在掌握辖区抗震性能情况的基础上，提出科学的防震减灾策略及应急辅助决策。通过本次抗震性能普查，建立起平震结合的城市建筑物抗震性能基础数据库及相关信息系统，可有效服务北京市韧性城市建设，提高北京市城乡震害防范能力。

1.3.2.4 实现市 / 区一体化，服务区县防震减灾工作

信息化平台整体框架的管理、维护及运营需要专业的技术人员，目前区县的技术人员配备和目前的技术发展要求不匹配，造成平台在建设后缺乏专业运维管理，信息资源难以丰富，推广欠力度，导致建成后的平台很难发挥作用。通过市 / 区一体化方式，区 / 县级只需要生产（主要外业调查）、更新数据，配图、服务发布及平台的运维均在市局的一体化平台中进行，这样就大大减轻了区级技术压力，降低了平台维护门槛，同时市县一体化平台整合市、县两级资源，共同推广应用，可加强建筑物抗震性能普查成果的推广工作，更有利于发挥各方优势。

第2章

需求收集与分析

北京作为首都，是我国的政治中心、文化中心、国际交流中心、科技创新中心。1.64万平方千米的土地上，建造了几百万栋的建构筑物，生活着2000多万人口。尤其是北京作为五朝古都，建筑物的时间跨度非常大，结构类型丰富多样，北京城区及少部分郊区中心是严格按照抗震设防要求进行设计和施工的，但是北京郊区的农村住宅基本上没有抗震设防。因此，全市系统性地开展建筑物抗震性能普查，为震前震害防御和震后震害快速评估提供基础数据支撑，是防范化解地震灾害风险的有效手段。

在开展北京市/区一体化建筑物抗震性能普查工作之前，收集整理行政区划数据、建筑物现状数据、遥感影响数据、基础地理数据、互联网数据等资料，做好基础设施、网络资源、系统建设的相关准备，开展有效的需求分析，规划好系统平台建设内容和目标，有助于北京市/区一体化建筑物抗震性能普查平台建设工作的推进。

2.1 北京市地震灾害特征分析

北京位于华北地震活动区，自438年以来共有地震记载168次，其中自公元1057年至今北京郊区共发生6级以上破坏性地震达8次。在北京城区内1076年12月（辽太康二年十一月）和1627年2月5日（明天启七年一月十八日）曾发生过2次5级地震。

据解放前不完全记载，北京市有感及破坏性地震达140~150次，北京市及周边地区5级以上历史地震分布情况如图2–1。1949年之后我国华北地区发生了几次强烈地震，其中有一些波及北京，特别是1976年7月28日唐山发生7.8级强震，北京的烈度为Ⅵ度强。

虽然唐山地震影响北京的烈度较低，但引起了不同类型建筑物的损坏，在城区的某些地段损坏的房屋中，损坏较严重的达1/3左右。

华北地震区也是我国重要的地震区，它对北京、天津、辽宁、河北、河南、山西、陕西、山东、江苏、安徽等10个省和直辖市都有影响，北京处于华北平原、山西和张家口—渤海三大地震带交汇部位，三面环绕着小震群，其中分布着多条断裂带，见图2–2。

北京地区的地震活动性从属于华北地震区的活动特点和趋势。自1815年以来华北地震区处于地震的第四活跃期，此活跃期估计还将持续一段时间，地震的空间分布往往具有一定成带性，它们与活动性构造体系有着内在的联系。

根据相关典型结构的地震影响系数分布情况，北京市区西部的反应谱峰值加速度均出现在短周期区段内，而东部的反应谱峰值加速度却移向长周期区段，当结构物周期与反应谱卓越周期相近时则地震力明显加大，因此在规划布局各类建筑物时应考虑这一特点，从建筑结构的层高、体型、结构类型等多方面综合考虑，尽量使拟建结构物的自振周期与本区的平均地面运动反应谱的卓越周期相差较大为宜，对于东部地区尤应注意。

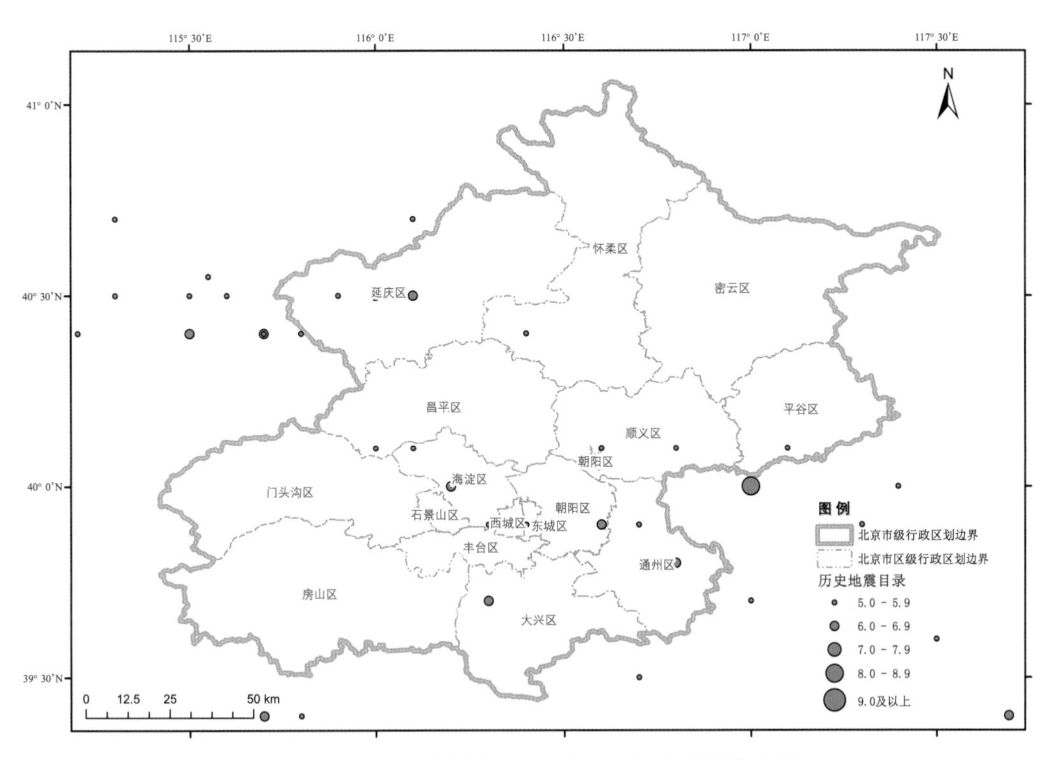

图 2-1　北京市及周边地区 5 级以上历史地震分布图

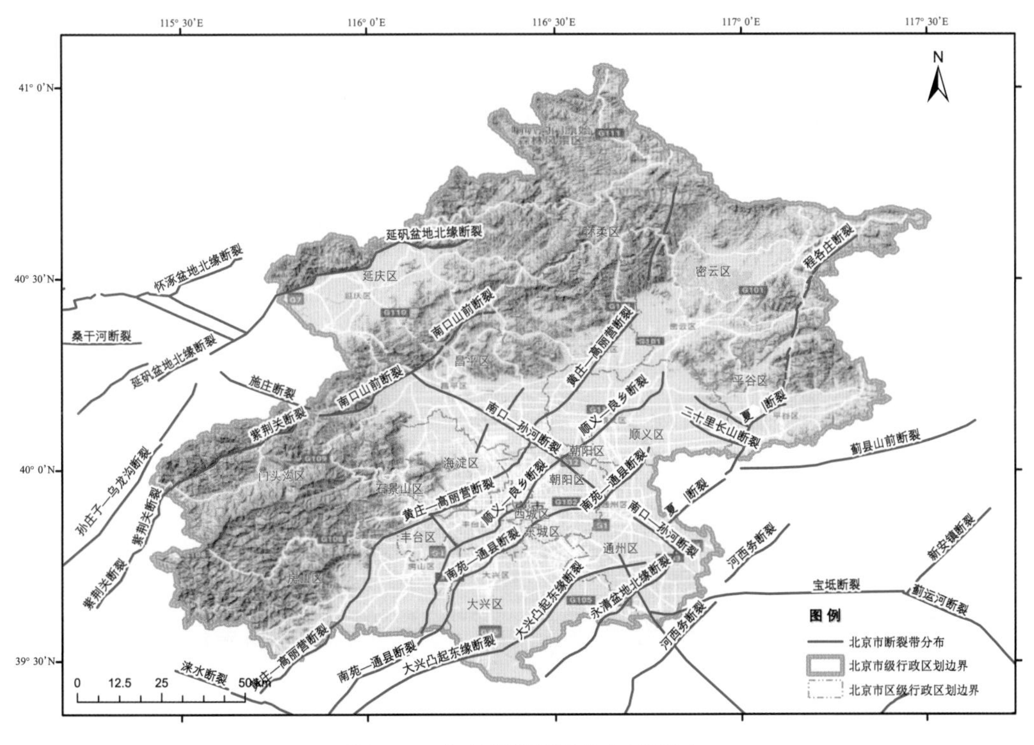

图 2-2　北京市断裂带分布示意图

2.2 北京建筑物抗震性能分析

北京市地处燕山地震带与华北平原中部地震带的交汇处，又紧邻汾渭地震带和郯庐深大断裂地震带，是一个地震多发区，历史上曾遭受过多次强烈地震的破坏和影响。自有记载以来，震中为北京及北京周边地区、震级在 6 级以上的地震就有几十次，特别是 2008 年汶川大地震后，建筑物抗震性能和安全问题成为普遍关注的焦点。2009 年 5 月 1 日，施行新修订的《中华人民共和国防震减灾法》，其中特别增加了关于农村住宅抗震的相关条款。国务院 2007 年 1 月转发中国地震局、中华人民共和国建设部《关于实施农村民居地震安全工程的意见》（国办发〔2007〕1 号）要求：到 2020 年力争使全国农村民居基本具备抵御 6 级左右、相当于各地区地震基本烈度地震的能力。

北京市政府近年来十分重视城乡建设工程的抗震设防问题，在旧城房屋修缮与保护过程中，明确提出了抗震设防要求，针对农村住宅也制定、发布了地方标准《农村民居建筑抗震设计施工规程》（DB11/T 536-2008），并且组织编制了《农村民居户型图集》和《农村民居构造图集》。

根据最新一代《中国地震动参数区划图》（GB 18306-2015），北京主要属于抗震设防烈度Ⅷ度地区，其中通州部分地区属于设防烈度Ⅸ度地区，密云、怀柔、门头沟部分地区属于Ⅶ度设防地区（图 2-3）。

按照“小震不坏、中震可修、大震不倒”的三水准抗震设防要求，在遭遇设防烈度地震作用时，房屋墙体与屋架应不至于倒塌，且不会发生危及生命的严重破坏。但是北京市作为五朝古都，建筑物的时间跨度非常大，且北京农村地区人口众多，大部分农村建筑物建造施工过程中既没有设计图纸又无施工组织，是国家标准规范等技术法规无法掌握的盲区。北京城区及少部分郊区中心是严格按照抗震设防要求进行设计和施工的，但北京郊区的农村住宅基本没有考虑抗震设防要求，且农村住宅结构类型复杂，房屋布局和施工随意性比较大，一旦发生地震，会因缺乏抗御地震的能力而造成人员和财产的重大损失。

2.3 资料收集与分析

2.3.1 图件资料收集

收集普查范围内的基础地理信息数据，坐标系可以为 GCJ02 经纬度坐标系、WGS84 坐标系、BeiJing54 地方坐标系、CGCS2000 国家坐标系，力求最新。

2.3.1.1 行政区划数据

行政区划数据主要包括市级、区级和乡镇 / 街道级行政区划数据。北京市共 16 区，总面积约 1.64 万 km^2，区级行政区划详见图 2-4。

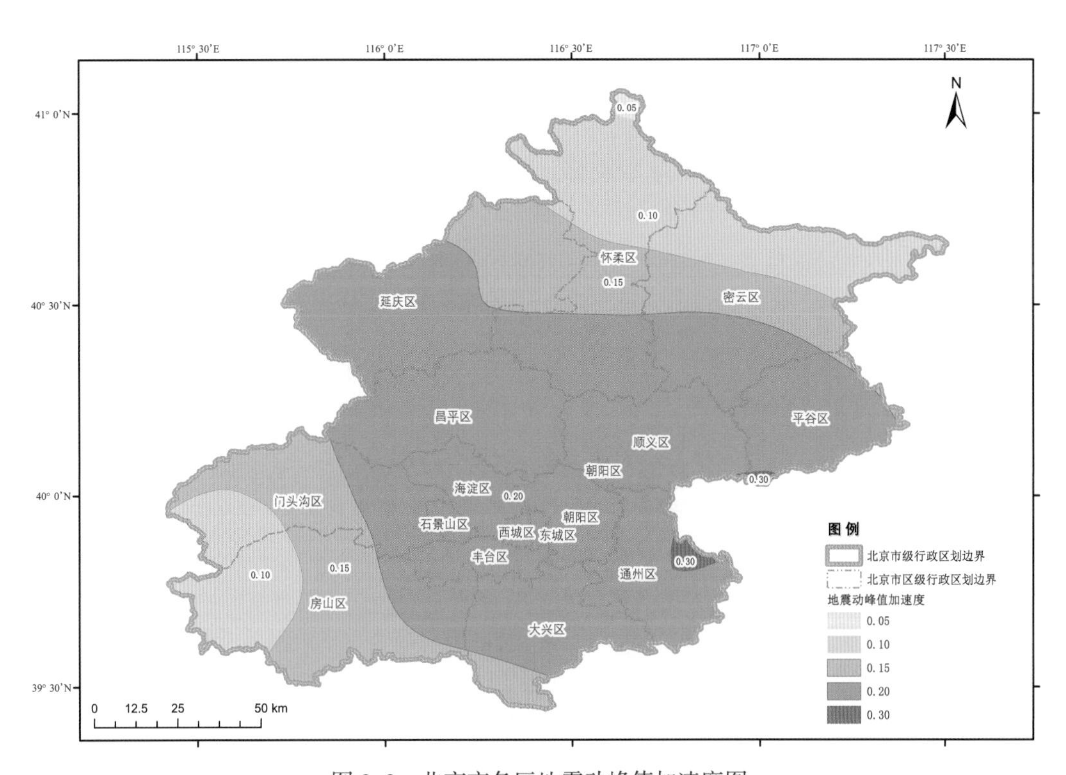

图 2-3 北京市各区地震动峰值加速度图

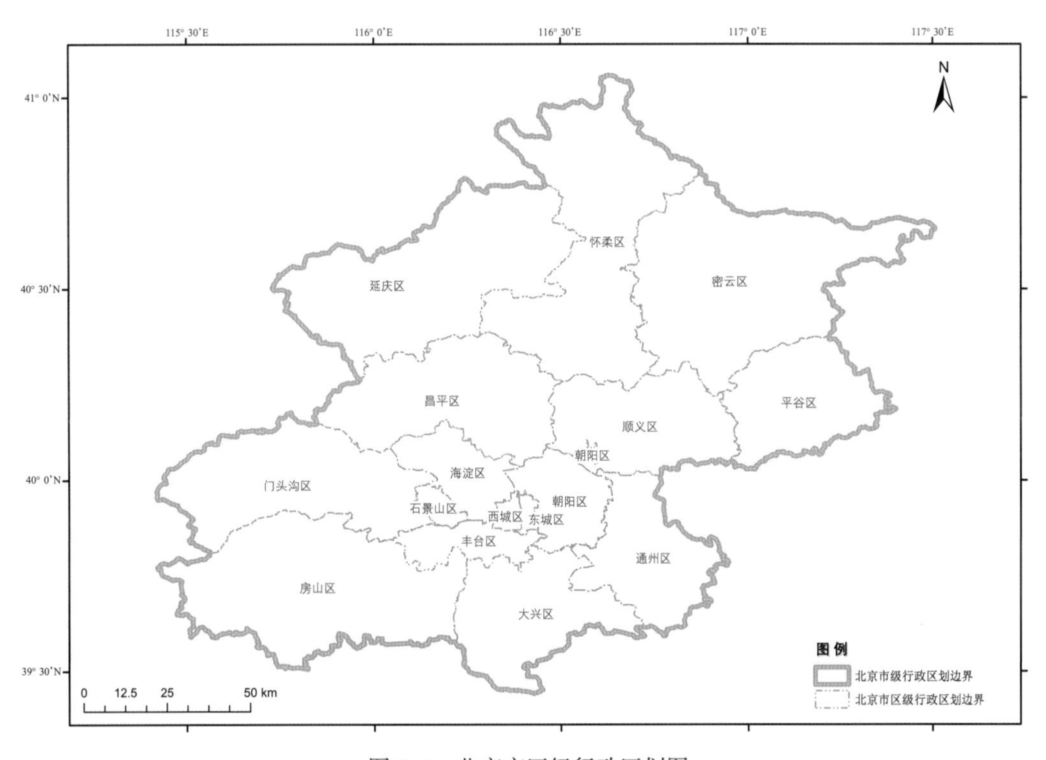

图 2-4 北京市区级行政区划图

其中，共涉及150个街道、143个建制镇、38个建制乡、3054个社区、3941个村，其街道/乡镇级行政区划见图2-5。

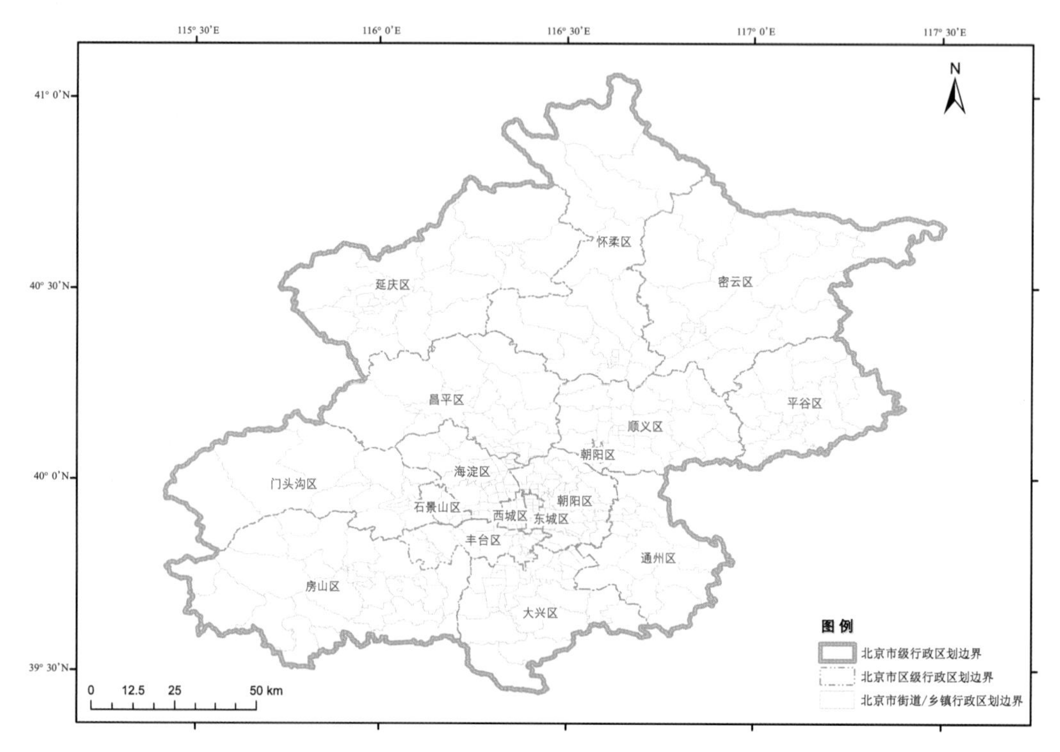

图2-5 北京市街道/乡镇行政区划图

北京市具体乡镇/街道、社区/村统计数据见表2-1。

表2-1 北京市乡镇/街道、社区/村统计表（单位：万个）

行政区划	街道办事处	建制镇	建制乡	社区居委会	村民居委会
北京市	150	143	38	3054	3941
东城区	17	/	/	182	/
西城区	15	/	/	261	/
朝阳区	24	/	19	431	154
丰台区	16	2	3	309	65
海淀区	22	7	/	576	84
石景山区	9	/	/	153	/
通州区	4	10	1	115	480

续表

行政区划	街道办事处	建制镇	建制乡	社区居委会	村民居委会
昌平区	8	14	/	229	301
顺义区	6	19	/	125	426
大兴区	8	14	/	197	527
房山区	8	14	6	145	459
门头沟区	4	9	/	119	178
怀柔区	2	12	2	34	284
平谷区	2	14	2	36	273
密云区	2	17	1	96	334
延庆区	3	11	4	46	376

涉及内 / 外业需要处理的城镇村总面积 3043.93km^2（数据来源：北京市 2016 年土地利用状况，北京市规划与国土资源管理委员会编制），其地表覆盖类型情况见图 2-6。

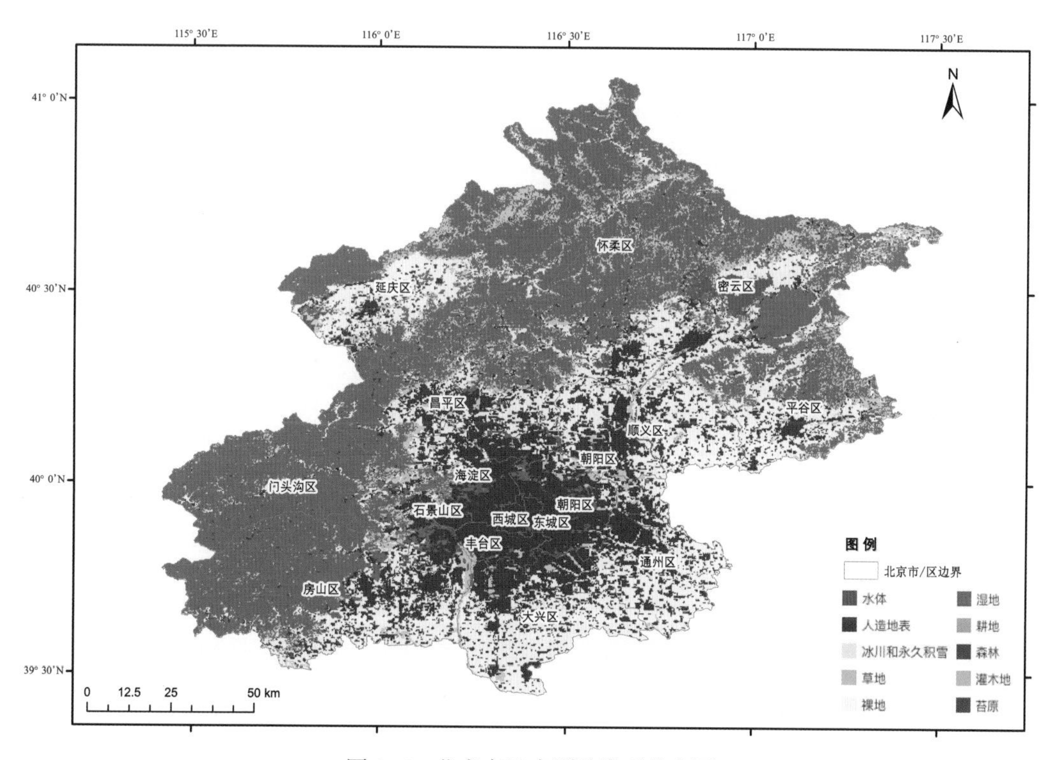

图 2-6 北京市地表覆盖类型分布图

具体涉及内/外业需要处理的城镇村用地面积统计如表2–2：

表2–2 北京市城镇用地面积统计表

行政区划	城镇村用地面积/公顷	占比/%
全市	304393.05	/
东城区	4182.04	1.37
西城区	5033.13	1.65
朝阳区	34140.49	11.22
丰台区	19231.37	6.32
海淀区	24480.12	8.04
石景山区	5390.69	1.77
通州区	30281.35	9.95
昌平区	34218.18	11.24
顺义区	28607.57	9.40
大兴区	34884.42	11.46
房山区	31165.9	10.24
门头沟区	8172.17	2.68
怀柔区	10587.03	3.48
平谷区	10495.74	3.45
密云区	14053.99	4.62
延庆区	9468.86	3.11

普查区信息汇总情况见表2–3。

表2–3 普查区信息汇总表

描述	内容
行政区划范围	北京市域，16个区/县、150个街道、143个建制镇、38个建制乡、3054个社区、3941个村
行政区划总面积	1.64万km^2
涉及调查城镇村总面积	3043.93km^2

2.3.1.2 建筑物现状图数据

基于测绘部门的现状图数据，收集、整理1∶500、1∶2000比例尺（图2–7）的居民地图层数据。整理后的建筑物现状图表结构见表2–4。

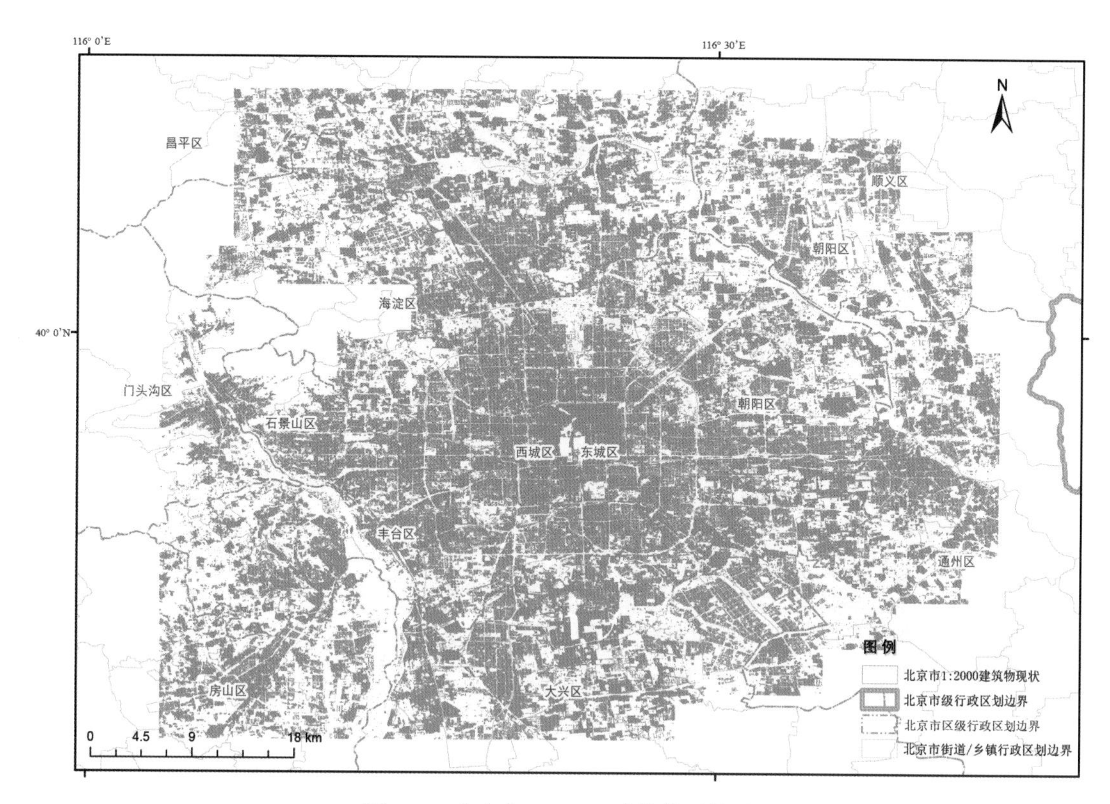

图 2–7 北京市 1 : 2000 建筑物现状图

表 2–4 建筑物现状图表结构

字段名	字段别名	字段类型
FID	要素编号	Number
FEATUERCODE	要素编码	String
TIME_CREA	创建时间	DateTime
TIME_MODI	更新时间	DateTime
STRU_TYPE	结构类型	String
STOR_NO	楼层	String
Shape	Shape	Polygon

2.3.1.3 遥感影像数据

遥感影像数据作为内业数据生产的基础数据，优先搜集时效性高、分辨率 0.5m 左右的高分辨率正射影像；对于 0.5m 分辨率无法覆盖的区域，采用 0.8m 分辨率的谷歌影像也能满足 1 : 5000 的制图要求，见图 2–8。

北京市按照 1 : 5000 的标准图幅进行划分，总计 2877 个标准图幅的影像数据，其总数据量约 5.13TB，见表 2–5。

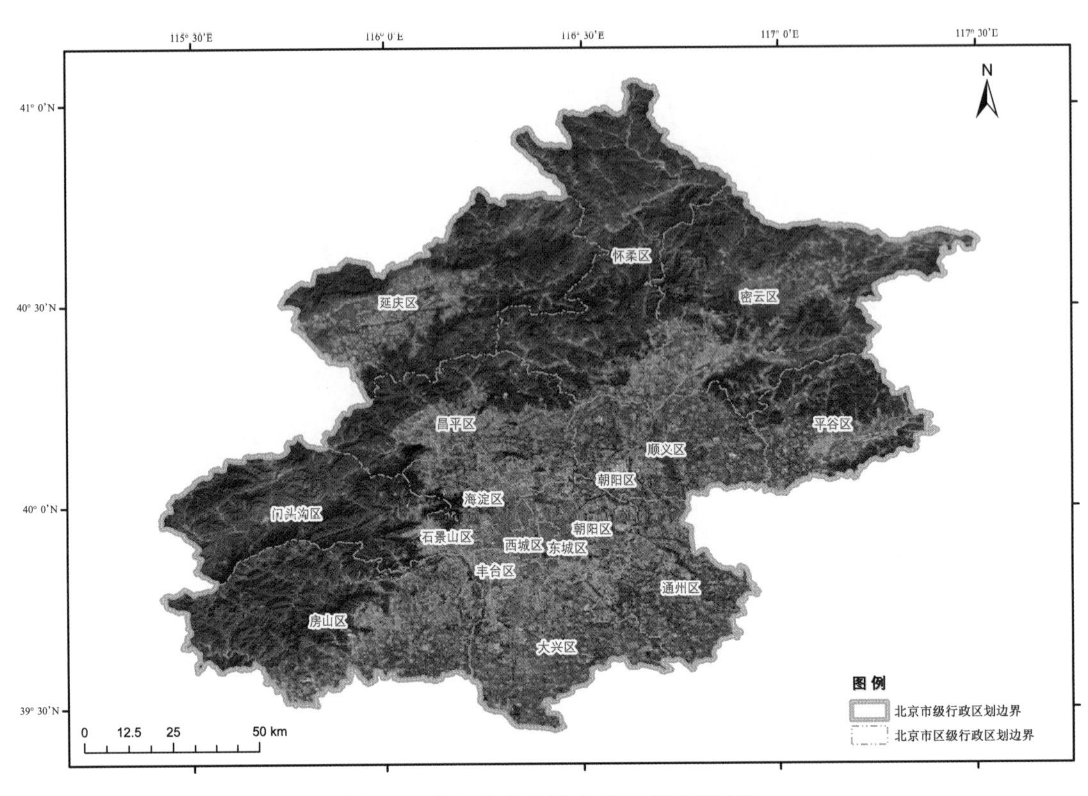

图 2-8 北京市高分辨率多光谱遥感影像

表 2-5 全市各区 1∶5000 标准图幅数量表

各区	高分辨率多光谱遥感影像图数量 / 幅
东城区	9
西城区	3
朝阳区	92
丰台区	52
海淀区	89
石景山区	13
通州区	151
昌平区	243
顺义区	155
大兴区	217
房山区	342
门头沟区	234
怀柔区	371
平谷区	163
密云区	383
延庆区	360

北京市各区高分辨率多光谱遥感影像图幅分配情况具体见图 2–9。

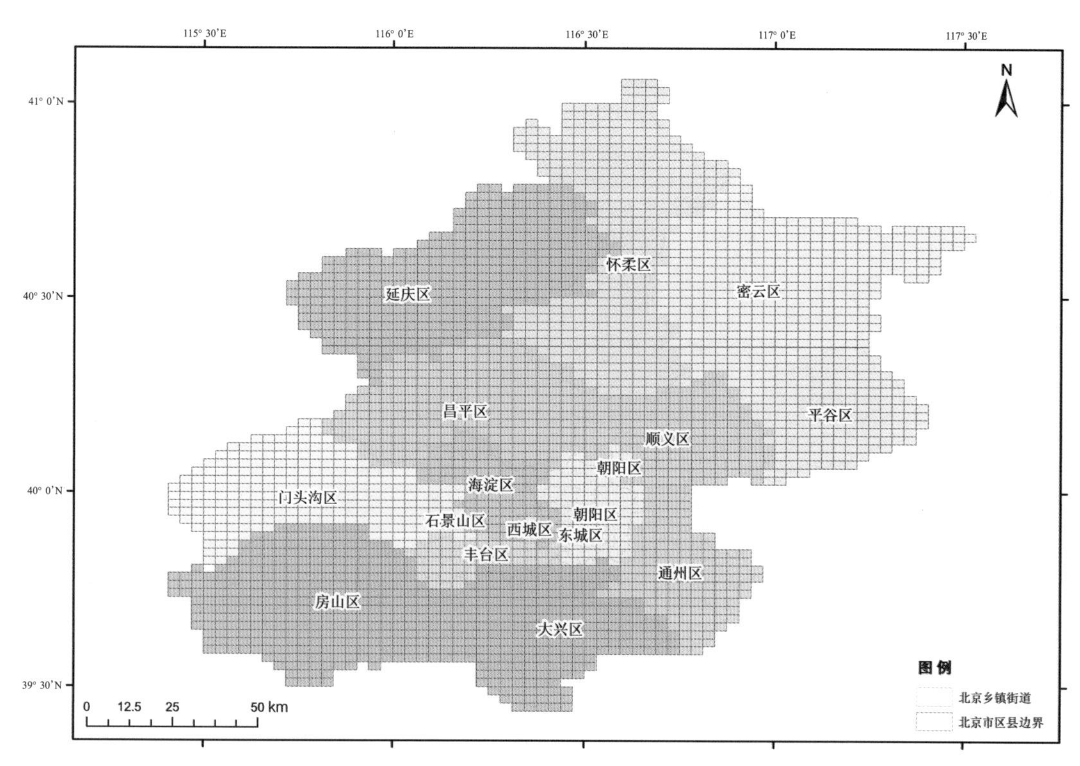

图 2–9　北京市各区高分辨率多光谱遥感影像图幅分配状况

同时，由于部分影像数据在投影、传输、压缩、拼接等环节产生了大量的几何误差和辐射误差，并且一部分影像是按照地球椭球面进行投影的，所以必须进行误差纠正和数字正射处理，因而还需要收集北京市数字高程模型影像数据用于地形校正等，如图 2–10 所示。

2.3.1.4 基础地理数据

主要包括北京市全市域道路、土地利用、地表覆盖、河流湖泊、地名数据等，主要用于抗震性能普查的辅助作用（图 2–11 至图 2–14）。

基础地理数据一方面辅助内业数据的生产，比如建筑物构面数据不可压盖道路数据等，另一方面，可用于外业调查底图的生产。

2.3.1.5 互联网数据

互联网数据信息全面、覆盖面广、更新频度高，是丰富建筑物基础信息的重要数据来源，本项目平台主要收集了北京市 POI 数据、AOI 数据及相关房企的小区数据。

- POI 数据。

兴趣点数据。北京市 POI 数据总计约 138 万余条，见图 2–15。

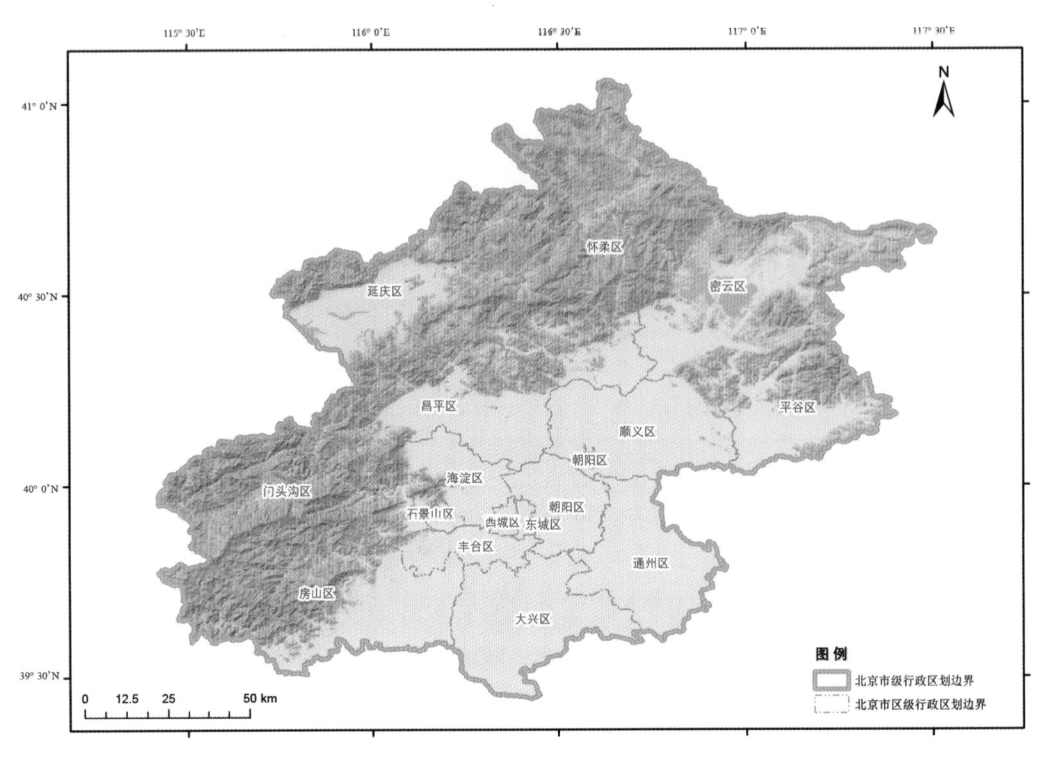

图 2-10　北京市数字高程模型影像

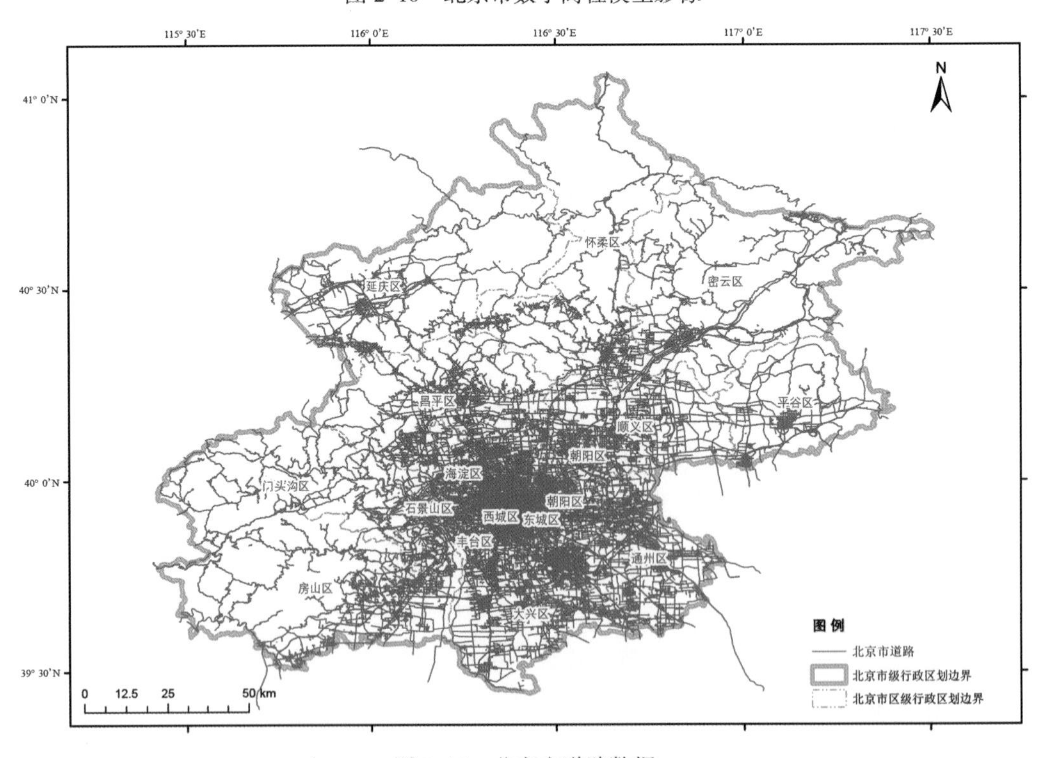

图 2-11　北京市道路数据

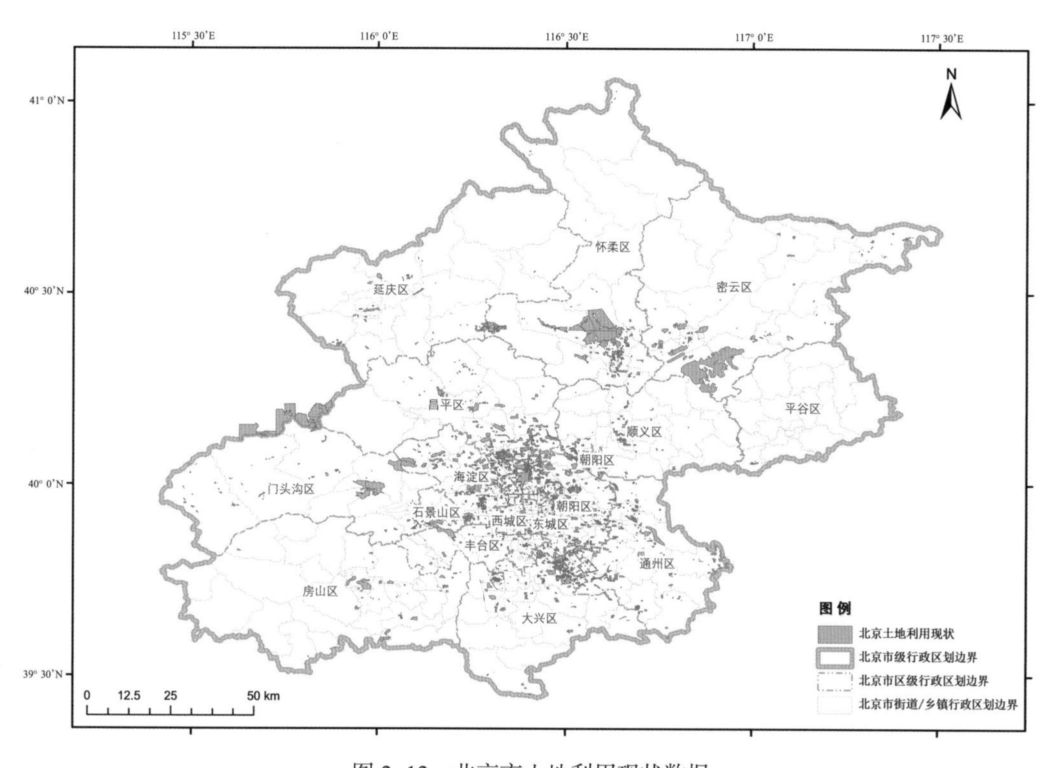

图 2–12　北京市土地利用现状数据

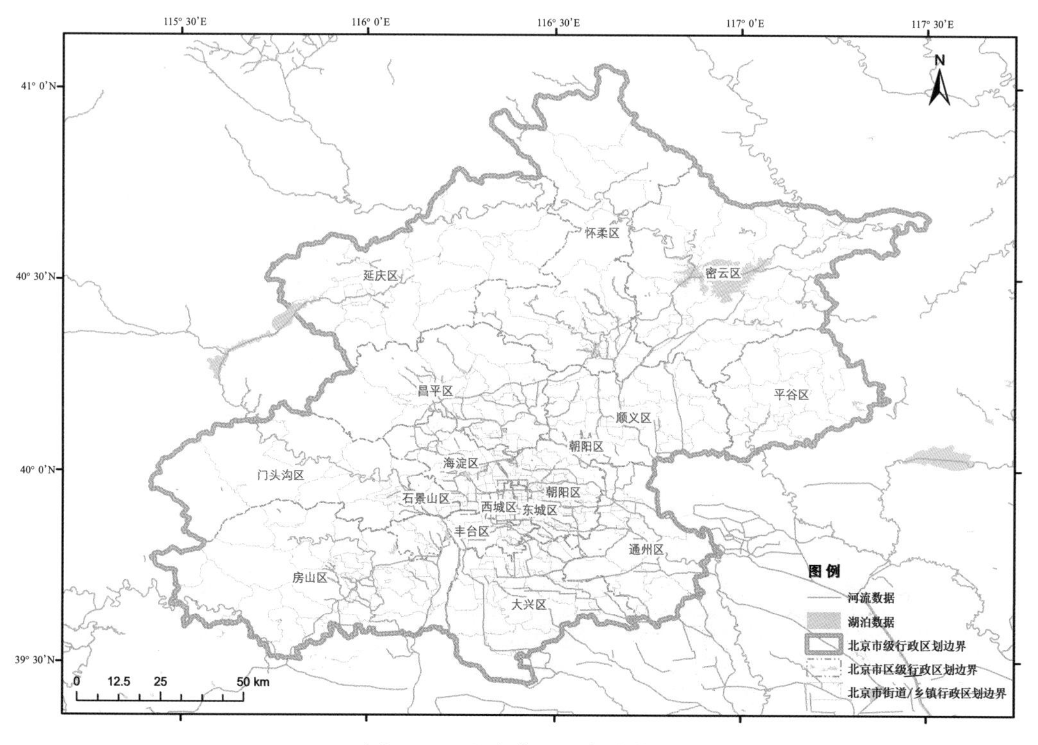

图 2–13　北京市河流湖泊数据

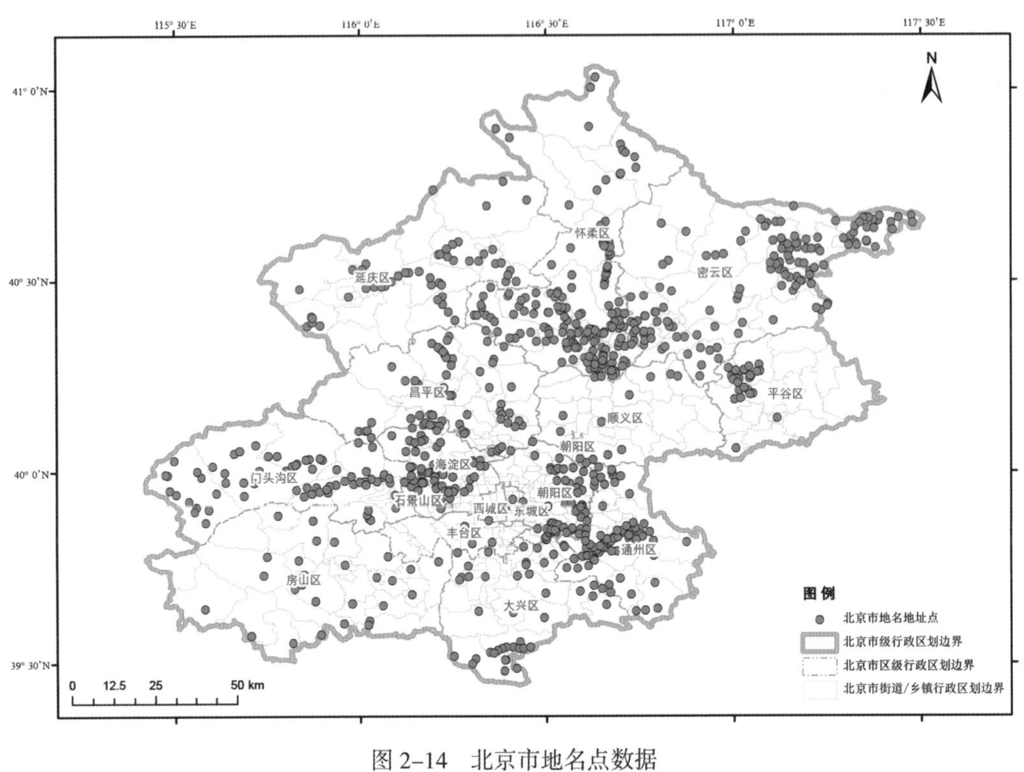

图 2-14　北京市地名点数据

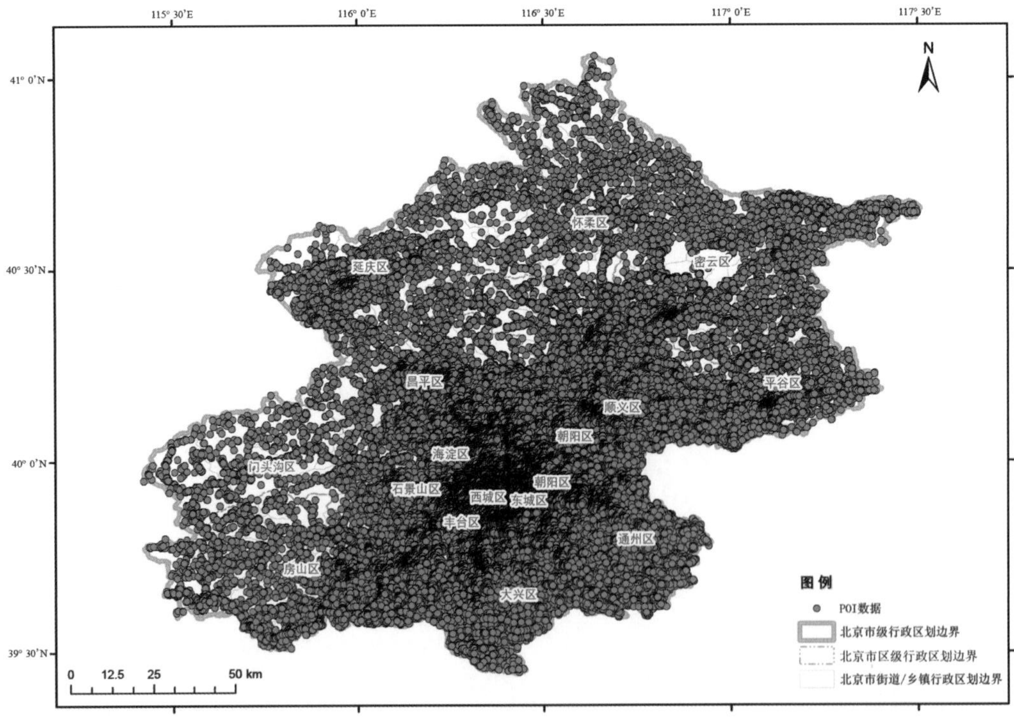

图 2-15　北京市 POI 数据

整理之后的 POI 数据表结构见表 2–6。

表 2–6　POI 数据表结构

字段名	字段别名	字段类型
FID	要素编号	Number
LAT	纬度	Number
LNG	经度	Number
CITY_CODE	城市编号	String
CITY_NAME	城市名称	String
CLASSIFY	POI 分类	String
CODE	分类编码	String
TITLE	主分类	String
POI_ID	POI 编号	String
NAME	名称	String
ADDRESS	地址	String
TELEPHONE	联系电话	String
TAG	分类标签	String
Shape	Shape	Point

- AOI 数据。

兴趣面数据。北京市 AOI 数据约 2.6 万余条，见图 2–16。

整理后的 AOI 数据表结构见表 2–7。

表 2–7　AOI 数据表结构

字段名	字段别名	字段类型
FID	要素编号	Number
CITY_CODE	城市编号	String
CITY_NAME	城市名称	String
CENTER	中心点坐标	String
CLASSIFY	POI 分类	String
CODE	分类编码	String
TITLE	主分类	String
AOI_ID	POI 编号	String
NAME	名称	String
ADDRESS	地址	String
COMMUNITY	所属社区	String
COMM_TEL	社区联系电话	String

续表

字段名	字段别名	字段类型
COMM_ADDR	社区地址	String
POLICE_STA	辖区派出所	String
POLICE_TEL	辖区派出所电话	String
POLICE_ADDR	辖区派出所地址	String
COMMITTEE	所属街道办	String
COMMITTEE_TEL	所属街道办电话	String
COMMITTEE_ADDR	所属街道办地址	String
MANAGEMENT	物业公司	String
MANAGEMENT_TEL	物业电话	String
DEVELOPER	开发商	String
BUILDTIME	建成时间	DateTime
STRUCT	建造类型	String
INTRO	介绍信息	String
TAG	分类标签	String
Shape	Shape	Polygon

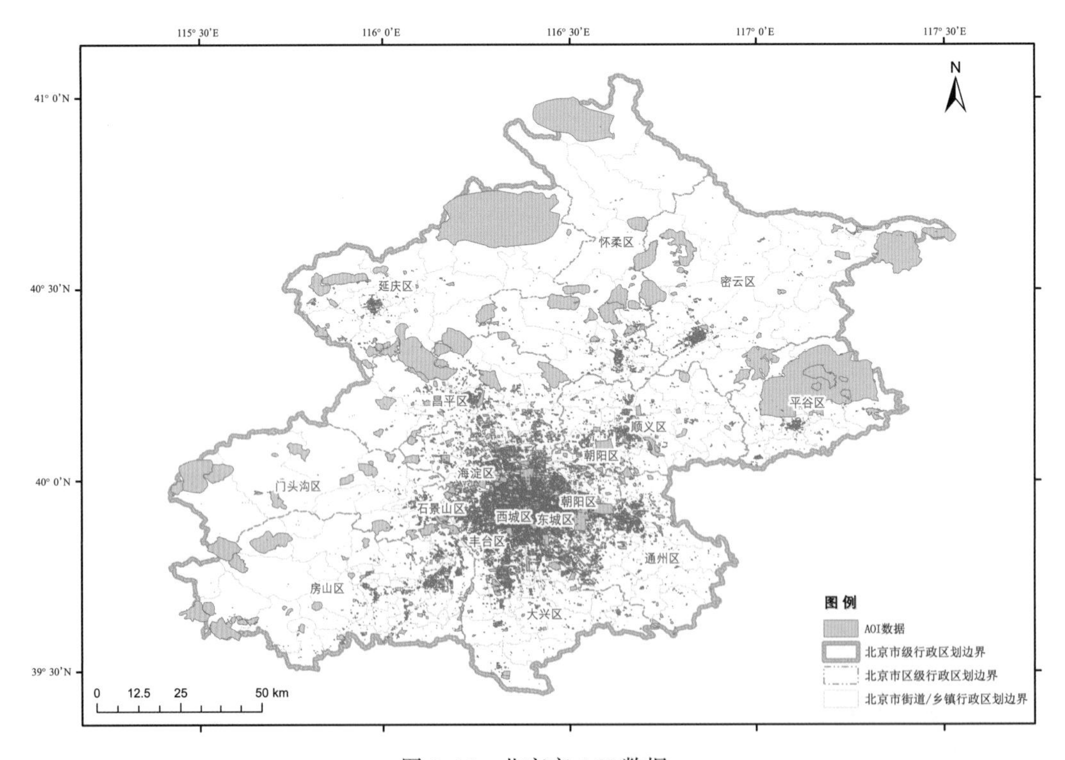

图 2-16　北京市 AOI 数据

◎ 房企小区数据。

基于链家等房屋租售网站获取的北京市小区数据，北京市房企小区点数据总计约 1 万余条，见图 2-17。

整理后的房企小区数据表结构见表 2-8。

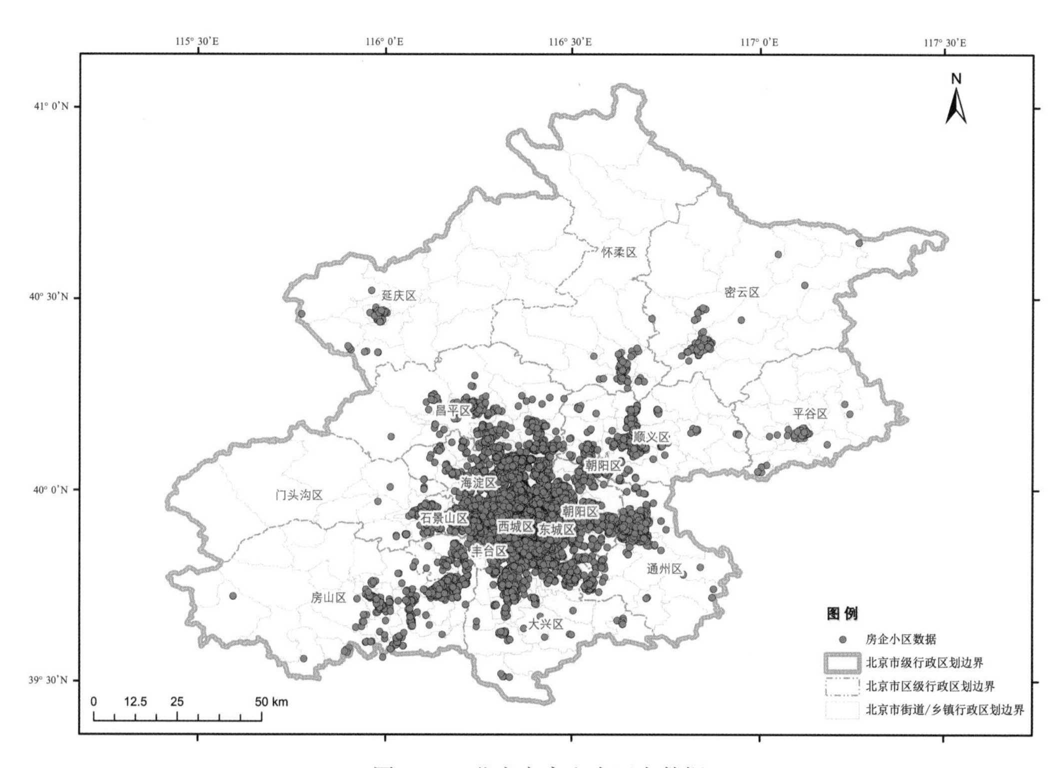

图 2-17　北京市房企小区点数据

表 2-8　房企小区数据表结构

字段名	字段别名	字段类型
FID	要素编号	Number
UID	唯一编号	String
NAME	小区名称	String
CITY	城市名称	String
COUNTY	所属区县	String
ADDRESS	小区地址	String
CODE	分类编码	String
LNG	经度	Number
LAT	纬度	Number

续表

字段名	字段别名	字段类型
BUILD_TIME	建成时间	DateTime
STRUCT	建筑类型	String
BUILD_NUM	楼栋数	Number
HOUSE_NUM	总户数	Number
MANAGEMENT	物业公司	String
DEVELOPER	开发商	String
Shape	Shape	Point

2.3.2 基础设施及系统建设资料收集

2.3.2.1 硬件基础设施

北京市地震局自有中心机房，硬件基础设施资源如表 2–9 所示。

表 2–9　硬件基础设施

名称		数量（台）	描述
服务器	刀片服务器	28	物理服务器，配置 4U × 8 核，64G 内存，千兆自适应网卡 4 个
	核心交换机	4	冗余主控模块；冗余电源；48 端口千兆以太网电接口模块；24 端口千兆 / 百兆以太网光接口模块；交换路由引擎
网络接入设备	防火墙	1	整机吞吐量> 12G，最大并发连接数> 22 万，每秒最大新建连接数 10 万
	入侵防御	/	整机吞吐量> 10G；最大并发连接数> 15 万
存储、备份设备	磁盘阵列	4	双控制器，16GB 数据缓存，8 个 8GB 光纤通道接口，15 块 600GB 2.5 寸 SAS 硬盘，5 块 3TB 3.5 寸 SAS 硬盘，标准软件包，3 年备件服务
附属设施	机柜	/	标准 42U，高 1999mm，宽 608mm，厚 999mm，重 170kg，最大负载 907kg
	机架式液晶屏套件	/	服务器客户端显示控制

区县级单位没有相关数据服务器资源，也缺少地理空间库及数据生产更新工具，目前硬件基础设施亟须加强。

2.3.2.2 软件系统资料

目前北京市地震局现有软件平台包括：ArcGIS 系列软件、Oracle 数据库软件、国家社会服务平台软件等。

2.3.3 网络资源资料收集

现有北京市地震局的网络共有 4 套环境：涉密网、电子政务内网、电子政务外网和互联网。其中，涉密网是与其他网络物理隔离的独立局域网，具有涉密资质认证；电子政务外网是与互联网逻辑隔离、由市电子政务统一建设的局域网。

2.3.3.1 涉密网

涉密网是运行相关信息服务平台基础版及其相关应用的网络环境，同互联网和电子政务外网物理隔离，严格按照涉密信息系统的有关要求进行设计与建设并接入北京市地震局的涉密内网。

2.3.3.2 政务内网

政务内网是运行相关信息服务平台政务版及其相关应用的网络环境，同互联网和电子政务外网物理隔离，严格按照涉密信息系统的有关要求进行设计与建设并接入北京市地震局的涉密内网。

2.3.3.3 政务外网

电子政务网（市电子政务外网）是运行相关信息服务平台公众版及其相关应用的非涉密网络环境，同互联网逻辑隔离，它严格按照北京市电子政务网的有关要求进行建设，并通过市电子政务外网为北京市各级政府部门提供信息应用服务。

2.3.3.4 公众网

公众网（公众互联网）是运行相关信息服务平台公众版及其相关应用的非涉密网络环境，并严格按照涉密信息运维管理的有关要求进行设计，通过互联网络，向上接入国家级主节点，向下与各市县级节点连接，横向主要为社会公众提供震防信息数据应用服务。

2.4 需求分析

2.4.1 标准规范体系建设需求

开展既有房屋建筑抗震性能普查，全面了解和掌握北京市城乡既有房屋建筑抗震性能实际情况，为开展抗震设防管理提供基础资料，是提高城乡防御地震灾害能力的重要措施。

目前地震业内并无相关信息普查的技术规范和标准，为保障普查工作的科学、有序进行，需在现行的国家、地方标准的基础上，制定符合当前北京建筑物抗震性能普查的技术导则和规范，保证最终形成覆盖全域、准确、详实的普查数据成果。

2.4.2 数据生产及更新需求

覆盖北京市的建筑物抗震性能数据的普查需要各级别相关部门通力合作，发挥各自优势，实现数据资源统一生产、有效管理及更新。这就需要发挥北京市局现有数字化成果的带动作用及生产经验，而县级震防部门对本区域数据相对熟悉，能够更好地完成数据资源生产与及时更新保障。

建筑物抗震性能数据的生产和更新可以大体分为内业数据生产及外业数据调查两部分，内业主要生产加工适用于建筑物普查的建筑物平面矢量数据层，用于制作外业调查的工作用图；外业主要对内业生产的既有建筑物数据进行抗震指标相关信息的采集。同时，考虑到未来这些成果数据的挖掘和应用，在数据生产方面还可包含一些行业的专题数据。

上述数据先由北京市地震局完成主体数据的生产，后续由区县地震局来接手生产及更新，然后统一汇聚至北京市地震局数据中心。

2.4.3 资源高效利用需求

随着抗震性能成果库建设的逐步完善，积累的数据资源越来越丰富，体量越来越庞大，如何高效管理这些资源，供业务系统快速调用，实现资源发布、协同分享，需要从顶层设计进行整体规划。

2.4.4 县级部门震防应用需求

震防及应急信息化经过多年建设取得了很好的发展，积累了丰富的基础震防信息资源。但是这些资源都是市级以上的小比例尺数据，无法满足县级用户使用的需求。比如县级用户需要使用 1∶2000 甚至 1∶500 比例尺的数据，而县级震防部门信息化能力有限，这样导致用户很难获取到高质量的大比例尺震防数据资源。

另一方面，相关信息化技术发展日新月异，硬软件平台迅猛发展，各种行业应用和技术标准不断更改，相关软件平台伴随 IT 的发展，也在不断改进升级。随之而来的，就是各种行业应用相应的更新维护工作，持续不断的修改要求，造成了应用水平的良莠不齐，也限制了区县用户对应用发展的积极性，限制了震防信息应用的持续快速发展。

2.5 建设内容

北京建筑物抗震性能普查平台数字化建设内容主要包括 4 方面，见图 2–18。

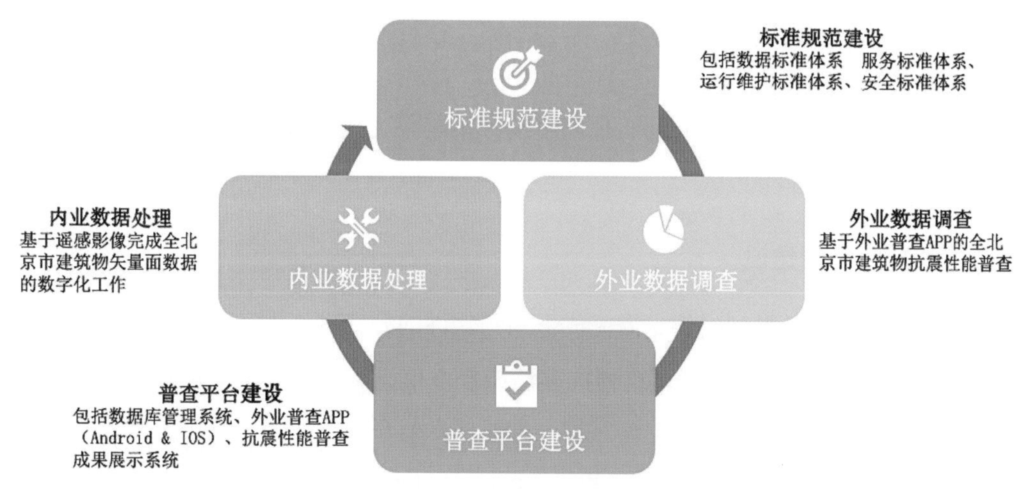

图 2–18 北京建筑物抗震性能普查平台项目建设内容

2.5.1 标准规范建设

北京建筑物抗震性能普查数字化平台标准体系的建设内容大致应包括以下 4 个方面：一是数据标准，包括数据分类 / 分层编码标准、元数据标准、地理空间框架数据规范和业务专题图层数据规范等；二是服务规范，包括空间信息服务规范、空间信息共享和交换技术规范等；三是平台运作维护管理规范，包括空间数据更新标准和平台应用标准；四是安全标准，包括网络安全标准、系统安全标准等。

2.5.2 内业数据处理

基于高分二号、谷歌影像、QuickBrid 等制作北京市 0.8 ~ 0.5m 正射遥感影像底图。

基于影像底图的北京全市在普查标准时点前已建成且正在使用的既有建筑物平面矢量数据提取及制作，包括数据的生产、加工、质检。

为尽量降低外业调查的工作量，内业数据加工的同时，通过相关技术手段，实现建筑物相关信息的自动提取和识别（如建筑物名称、地址、面积、长 / 宽等）。

2.5.3 外业数据调查

以内业生产的数据为基础，通过移动端调查 APP 软件，对北京市全市已建成且正在使用的既有建筑物开展抗震性能现场调查，列入近期拆迁改造计划的既有建筑以及军事建筑、保密建筑不在本次普查范围内。

外业数据调查的数据属性包含建筑物名称、详细地址、建设单位、勘察单位、设计单位、施工单位、监理单位、产权单位、产权性质、使用单位、设计完成时间、设计使用年限、建成时间、建筑层数、底框层数、结构类型、楼板形式、地基基础类型、多层砌体房屋是否有构造柱、原设防烈度、原抗震设防类别、原房屋设计用途、是否改变用途或使用环境、是否曾抗震加固、加固时间、加固后续使用年限、是否需进行抗震性能鉴定、是否有档案、档案编号等基本情况。

2.5.4 普查平台建设

为保障本次普查的顺利进行，需完成下列到软件的开发：

（1）基于本次普查项目的建筑物抗震性能普查信息数据库（成果库、工作库）及其配套的数据库查询、运维管理（数据管理、外业调查数据审核、用户权限管理等）软件。

（2）用于外业数据调查的采集 APP（Android&IOS）。

（3）用于成果数据矢量切片服务发布、管理的后台管理软件。

（4）用于最终成果数据综合分析和成果展示的可视化平台软件。

2.6 建设原则

依据北京市政府《北京城市总体规划（2016—2035 年）》（2017 年发布）以及中国地震局《国家地震科技创新工程》等指导性文件，平台的建设遵循以下原则进行：

2.6.1 统筹规划、政府主导

北京建筑物抗震性能普查建设项目是北京市地震局数字震防信息化建设树立新标杆、增创新优势的重要信息化项目之一，需要以政府为主导，协调各单位，统一制定平台建设、应用标准规范体系，完善数据更新及平台运维管理机制。

2.6.2 市 / 区一体、分散组合

充分发挥市 / 区各级区域的优势，构建分布式数据中心，满足对数据获取的性能要求；在市一级构建统一的市 / 区一体化数据服务平台运维管理及应用中心，以此为核心组合各级资源，打造节约集约化的市 / 区一体化信息采集 / 管理平台。

2.6.3 统一设计、分步实施

充分借鉴国内相关地方抗震性能普查先进经验，制定统一的《北京市既有房屋建筑抗震性能普查技术规范》导则和技术规范，统一设计，明确各阶段的目标和任务，按照先易后难、急用先行，边建设、边应用、边完善的原则，搞好信息普查。

2.6.4 统一标准、加强质控

本次普查以统一编制的《北京市既有房屋建筑抗震性能普查技术规程》（以下简称《规程》）为标准，各环节工作按其要求进行，加强过程和成果质量控制，实现规范化和标准化，确保普查数据的准确性。

2.6.5 保障安全、高效利用

保障信息安全是北京建筑物抗震性能普查建设项目建设的基本前提，必须制定相关的信息保密制度和规定，采取相应的安全技术措施，强化网络与信息安全保障，维护信息安全，在确保信息安全的前提下，促进各种 IT 基础设施资源和信息资源的高效服务。

2.7 建设目标

经过基本情况分析与详细的需求分析，明确北京建筑物抗震性能普查项目建设目标为：北京市全市域建筑物抗震性能普查、市县一体化普查地理信息平台建设、建筑物抗震性能普查标准规范体系建设。

2.7.1 北京市全市域建筑物抗震性能普查

2.7.1.1 北京市全市域既有建筑物矢量平面数据生产

为满足北京市全市域建筑物抗震性能外业普查的需求，充分利用已有相关高精度多光谱遥感数字正射影像生产满足要求的建筑物矢量平面数据，同时构建标准化抗震性能普查成果数据库，完成数据处理、质量检查、成果入库等。

2.7.1.2 北京市全市域建筑物抗震性能现场调查

按照标准编制普查工作图和普查登记表，综合利用测绘、结构、岩土等专业知识，结合现场调查，更新抗震性能普查数据库。数据属性包含建筑物名称、详细地址、建设单位、勘察单位、设计单位、施工单位、监理单位、产权单位、产权性质、使用单位、设计完成时间、设计使用年限、建成时间、建筑层数、底框层数、结构类型、楼板形式、地基基础类型、多层砌体房屋是否有构造柱、原设防烈度、原抗震设防类别、原房屋设计用途、是否改变用途或使用环境、是否曾抗震加固、加固时间、加固后续使用年限、是否需进行抗震性能鉴定、是否有档案、档案编号等基本情况。

2.7.2 市 / 区一体化普查地理信息平台建设

2.7.2.1 一体化数据中心管理系统建设

一体化数据中心建立一套完整的建筑物抗震性能数据资源管理及更新体系，以市 / 区一体化为基准，整合各级资源，打造平台数据资源中心，各区县通过专网采用提交增量包的方式对中心库进行更新，数据资源在市级平台进行汇总。

一体化数据中心管理系统将汇集全市建筑物抗震性能数据资源，按区域进行分类管理，系统的构建存在市级和区县级两层逻辑架构，分别承载市、县级别的平台资源。其中，市级平台是基础，维护全市基础地理空间资源，将资源按区域构建县级平台（图 2–19）。

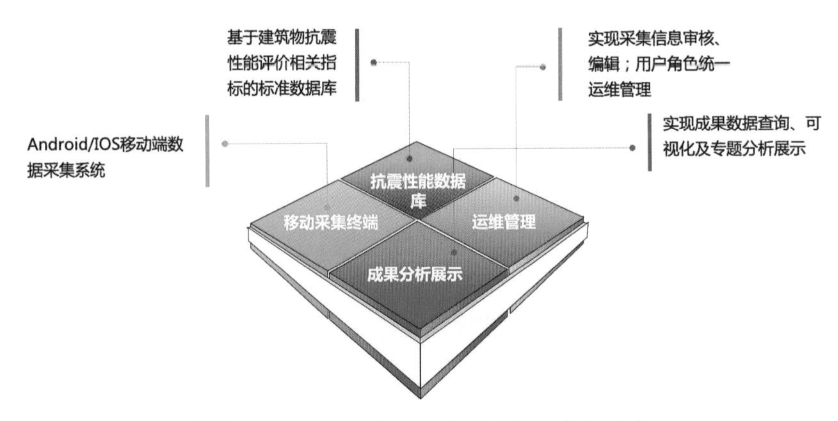

图 2–19　一体化抗震性能普查地理信息平台

2.7.2.2 一体化抗震性能普查系统建设

一体化抗震性能普查系统是构建于移动端的建筑物抗震性能现场采集系统，系统以建筑物信息采集为核心，以方便、可靠、安全为出发点，包括了建筑物数据的采集、存储、上传等功能，实现了区域建筑物抗震性能数据的快速、高效采集。

2.7.2.3 一体化建筑物抗震性能应用系统建设

一体化建筑物抗震性能应用系统依托北京建筑物抗震性能数字化地理空间资源，将“数据”转化为“服务”，更大化地支撑业务应用（如辅助决策、宏观分析等）。系统融合震防自身业务，充分发挥地理空间资源的优势，以图属结合的形式，重点实现查询展示、专题分析、报表统计等相关功能。

2.7.3 市 / 区一体化标准规范体系建设

2.7.3.1 一体化建筑物抗震性能普查技术规范体系建设

市 / 区一体化建筑物抗震性能普查技术规范是本次普查项目的总则，主要包括以下三个方面：一是明确本次普查的数学基础及精度指标；二是明确本次普查的标准流程、成果要求、质量控制等相关信息；三是明确本次项目的成果整理、提交与验收的信息。

2.7.3.2 一体化建筑物抗震性能数据规范体系建设

市 / 区一体化建筑物抗震性能数据标准规范的建设目标包括以下两个方面：一是完善数据标准，包括数据分类 / 分层编码标准、元数据标准、建筑物抗震性能数据规范和业务专题图层数据规范等；二是规范服务，包括空间信息服务规范、空间信息共享和交换技术规范等。

2.7.3.3 一体化应用规范体系建设

市 / 区一体化平台应用标准规范的建设目标包括以下两个方面：一是规范平台管理，包括空间数据更新标准和平台应用标准；二是完善安全标准，包括网络安全标准、系统安全标准等。

第3章

总体技术方案

北京市 / 区一体化建筑物抗震性能普查平台建设，将为北京市的地震灾害风险评估、地震安全韧性城市建设、地震灾害情景构建提供数据支撑和技术服务，因此做好平台建设的总体设计和技术方案，是至关重要的工作。

梳理资料收集与技术准备、内业数据处理、外业数据调查、普查相关软件系统建设、数据质量检查与评定、成果验收与提交等工作流程的主要技术方法与技术手段，从数据资源层、基础设施层、平台建设层、应用服务层 4 个层次进行逻辑构架，从设计之初就做好平台建设的基础。

3.1 总体思路

3.1.1 市 / 区一体化思路

北京建筑物抗震性能普查项目（以下简称“本项目”）从硬件、数据、服务平台、应用服务等角度综合考虑，依据统筹规划、市区一体、分散组合等建设原则，采用物理集中、逻辑隔离的总体原则。

3.1.1.1 物理集中

依据统一标准、市县一体的建设原则，本着降低建设投资、解决县级技术力量薄弱等问题的目标，本项目将对建设所需硬件资源、数据资源、地理信息平台软件集中安装部署在北京市地震局，并在北京市地震局建立统一、完善的日常运维管理机制，保障项目的正常运行。

3.1.1.2 逻辑隔离

依据保障数据资源安全，满足区县重要数据资源以及平台应用单位与部门自身个性化的需求，市以及各区县平台将从逻辑上进行隔离，市级、各区县级的数据资源以及接入应用系统将拥有自己独立的安全机制、保密机制与资源维护机制。

3.1.2 数据资源更新一体化

数据资源主要包括市级、区级建筑物抗震性能数据，利用平台提供的数据更新交换机制，实现全市抗震性能一张图局部更新，按范围下发和访问，各区使用普查平台进行数据更新入库及维护。更新好的数据统一提交到市级平台，进行切片，发布服务，并且按照各区域进行对应切片数据下发。不同区的用户按照实际位置划分访问权限，对数据及服务的访问权限按区域来控制（图 3–1）。

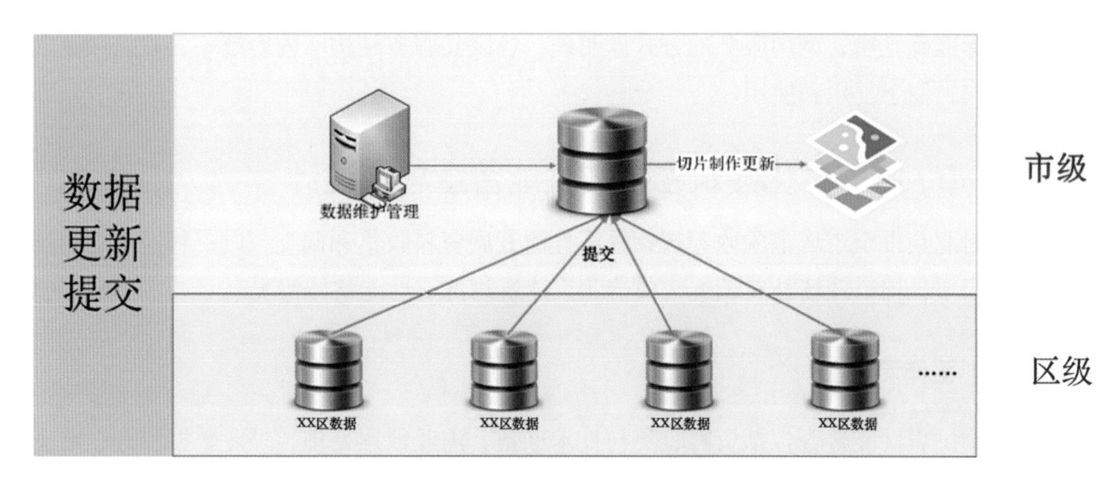

图 3-1　数据更新提交流程图

在这种模式下，既保证了区级和市级数据标准的统一，实现同步更新，又能根据各区县业务访问的情况按需调用相关数据资源，实现从内容到更新再到使用的一体化。

各区统一配置数据更新维护管理的账户，更新区数据，采用同步更新或提交的方式更新到市级库，市级库统一维护管理，有必要搭建生产库和应用库。

3.1.3 维护管理一体化

维护管理一体化具体体现在：

（1）硬件资源统一调度：整个平台硬件资源是一个统一的整体，由市级中心统一调度管理。

（2）平台统一维护管理：通过市级平台运维管理系统实现统一的管理，包括基础设施管理、服务管理、组织机构管理、用户权限管理等。

（3）数据资源统一管理：可以通过市级数据管理系统实现整个市县的数据维护和管理，包括数据标准检查、入库、切图，发布服务等。

（4）标准规范统一：整个平台构建统一的数据结构标准、数据比例尺标准、数据时点标准及服务标准，实现上下互通、共享交换。

3.1.4 应用服务一体化

本项目通过市级中心平台整体对外提供资源服务，用户可以通过资源中心查找到有权限使用的所有资源，而这些资源都是由市级平台统一提供服务出口，用户不知道也不关心后台的数据资源来自哪里。

服务标准确立后，调用服务的方式即明确，各区县服务结构、内容统一，只是数据内容各自不同，便于复用和使用。

3.2 市 / 区一体化建筑物抗震性能普查总体设计

旨在对北京市全市域范围内建筑物抗震性能开展资料收集和调查，以资料搜集、遥感信息提取为主，辅以现场补充调查，摸清北京建筑物抗震性能整体情况。

3.2.1 工作流程

建筑物抗震性能普查包括资料收集与技术准备、内业数据处理、外业数据调查、普查相关软件系统建设、质量检查与评定、成果验收与提交等过程（图 3–2），具体工作流程见图 3–3。

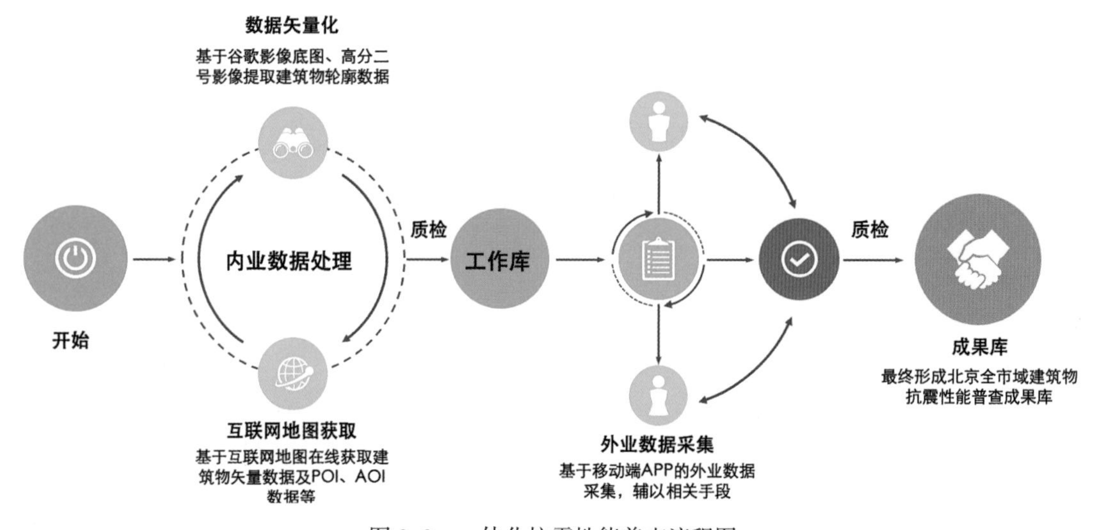

图 3–2　一体化抗震性能普查流程图

3.2.2 技术方法

通过以资料收集、遥感信息提取和现场调查相结合的形式开展建筑物抗震性能调查。利用相关部门协调共享、现有数据收集整理及遥感信息提取等工作方式，收集调查范围内建筑物信息，对数据缺失、信息不满足要求或与遥感影像资料有明显位置差异的承灾体开展现场补充调查，对已经完成资料收集的区域进行抽样核查。

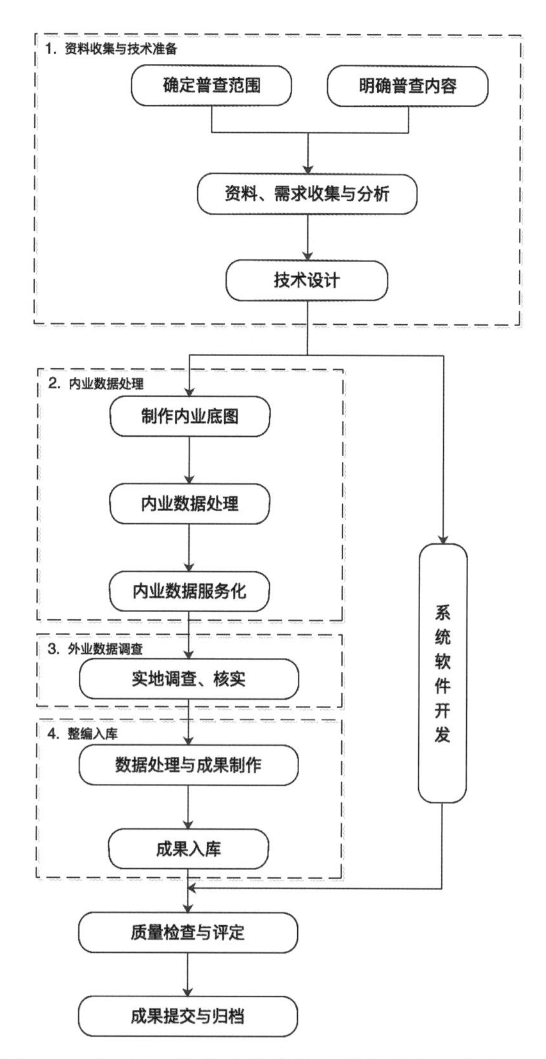

图 3–3　市 / 区一体化建筑物抗震性能普查工作流程图

3.2.3 普查数学基础及精度指标

3.2.3.1 数学基础

指标如下：

- 坐标系统：Beijing54 地方坐标系；
- 高程基准：采用 1985 国家高程基准（高程保留 2 位小数）；
- 成图比例尺：1∶5000；
- 标准分幅：按照国家 1：5000 标准分幅。

3.2.3.2 精度要求

建筑物矢量化提取原则上采取“按栋构面”，平面精度即采集的房屋界线和位置与影像上地物的边界和位置的对应程度。影像上分界明显的房屋界线的采集精度应控制在 5 个像素以内。特殊情况，如高层建筑物遮挡、阴影等，采集精度原则上应控制在 10 个像素以内。如果采用影像的分辨率差于 1 米，原则上对应的采集精度应控制在实地 5 米以内，特殊情况应控制在实地 10 米以内。

由于遥感影像存在侧视角，具有一定高度的地物在影像上产生的投影差应进行处理。

3.2.4 主要技术手段

3.2.4.1 数字成图技术

采用 ArcGIS 软件进行数字化成图编辑，生产的数据达到 GIS 入库标准。

3.2.4.2 移动端信息采集

采用专门开发的移动端采集 APP 进行建筑物抗震性能调查。

3.2.4.3 矢量切片技术

矢量切片就是将矢量数据以建立金字塔的方式，像栅格切片那样分割成一个一个瓦片，以 PBF 格式组织，在前端根据请求的范围提供矢量瓦片数据，通过 WebGL 进行绘图。

3.2.4.4 图属一体化建库技术

采用专门开发的数据库管理系统实现建筑物空间数据和主要属性用同一张表存储，对于其他相关属性通过图属关联实现图属一体化。

3.3 市 / 区一体化普查地理信息平台总体设计

市 / 区一体化普查地理信息平台（以下简称“平台”）是服务本次建筑物抗震性能普查的“软基础”，主要实现数据查询、管理、审核、质检、数据服务化、数据可视化等功能。

从逻辑架构来看，整个平台主要包括 4 个层次：数据资源层、基础设施层、平台层及应用层（图 3–4）。

从一体化区域级别来看，整个平台分为市级部分和区县级部分，目前市级主要承担平台核心建设和维护管理，区县级主要承担数据更新及维护。

数据资源一体化通过在市级平台进行统一的数据管理入库，构建全市建筑物抗震性能一张图，而区县级防震减灾部门统一访问市级平台的数据资源出口，既保证了数据资源的一致性，又提高了管理维护的可行性和效率。

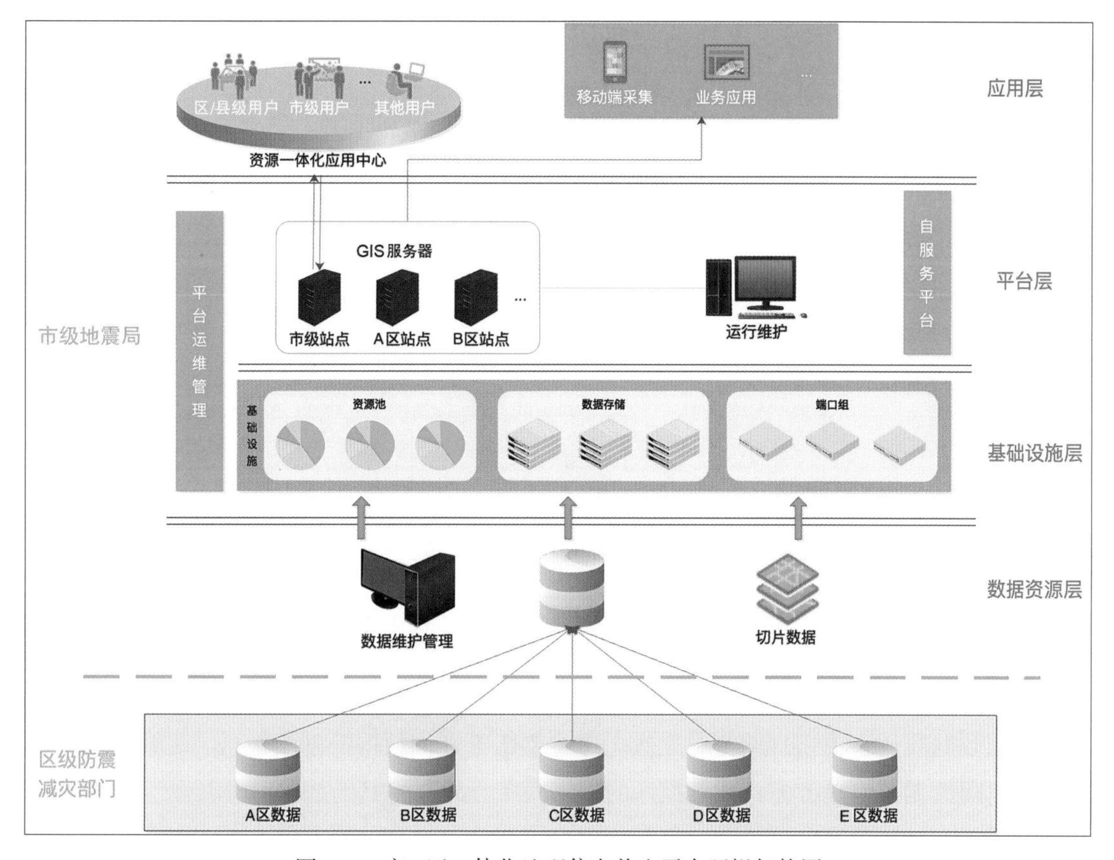

图 3–4　市 / 区一体化地理信息普查平台逻辑架构图

3.3.1 数据资源层

3.3.1.1 数据资源组成

北京建筑物抗震性能信息数据库（图 3–5）包括工作库、成果库和发布库三部分内容，实现了多元数据、多尺度数据和多时相数据的管理。

工作库是生产成果库，成果库是在工作库的基础上进行数据质检、整合等处理形成的，发布库是利用成果库的数据进行矢量切片，将切片数据入库形成的。工作库和成果库包含了元数据库和成果数据库。

3.3.1.2 数据资源内容

北京建筑物抗震性能数据库主要包含工作库和成果库，其中成果库继承至工作库，两库数据库结构上完全一致，主要包括了两部分：成果数据库和元数据库。

成果数据库主要存储建筑物矢量面数据（图幅数据（1∶5000））及抗震性能指标数据（属性数据），两者通过索引库进行联系和集成。

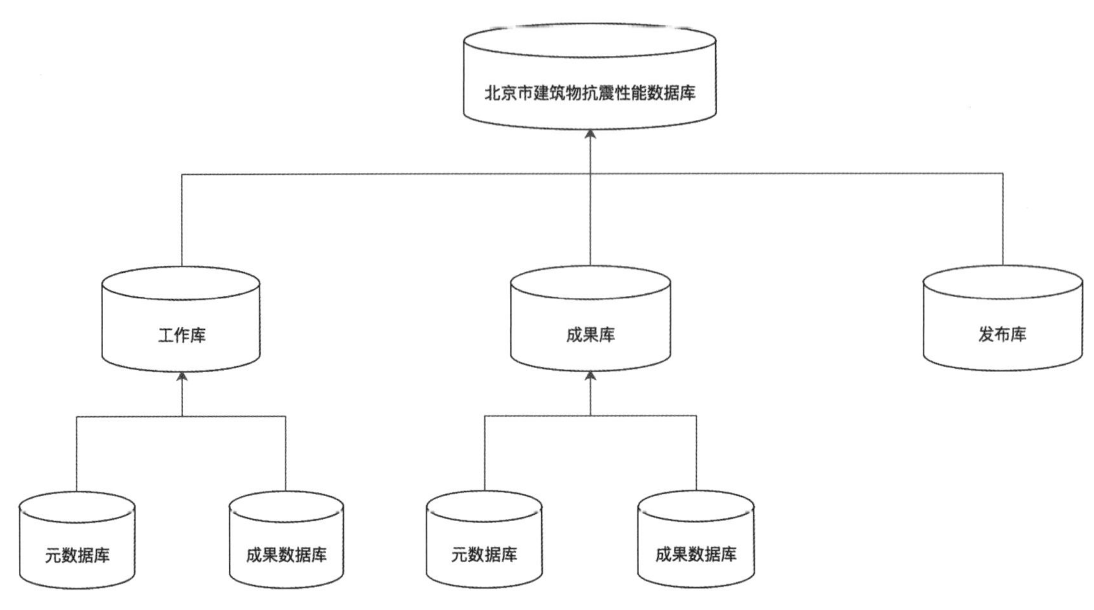

图 3–5　北京市建筑物抗震性能信息数据库

元数据库管理各类成果数据的元数据信息，包括各类数据的生产时间、单位、空间参考信息、数据质量、更新日期等。元数据库主要用于查询数据的基本信息，尽管元数据库也是非空间数据，但是考虑到元数据库的网络发布，故而将其与成果库分开。

数据库逻辑示意图见图 3–6。

3.3.1.3 数据更新机制

建筑物抗震性能数据资源更新实现北京市及所属各区县的抗震性能数据的一体化更新管理，数据管理人员根据一定的条件（范围、属性）从北京市抗震性能数据库中提取待更新数据，分发给数据生产人员，生产人员进行更新作业，通过质检验收和解密处理后，提交回成果，根据不同的数据类型更新到市数据库中，之后可根据需要按更新范围更新电子地图切片数据。

（1）矢量数据入库更新方法：矢量数据采用空间数据模型进行存储管理，入库时按照数据要求进行数据检查，将满足要求的数据存储到相应的数据库中。数据更新时，通过读取要素更新信息，采用按空间范围更新方式。

（2）抗震性能普查数据入库更新方法：抗震性能普查数据主要依靠普查 APP 采集获取，采集后即可用进行单条更新，也可以按区县、按乡镇街道、按图幅进行批量更新。

（3）电子地图数据入库更新方法：电子地图以矢量切片数据的方式存储在数据库中，入库时按照层级组织规范，将电子地图矢量切片存储在指定的层级下。数据更新时，将指定层级下已经存在的切片替换成现势数据切片即可。

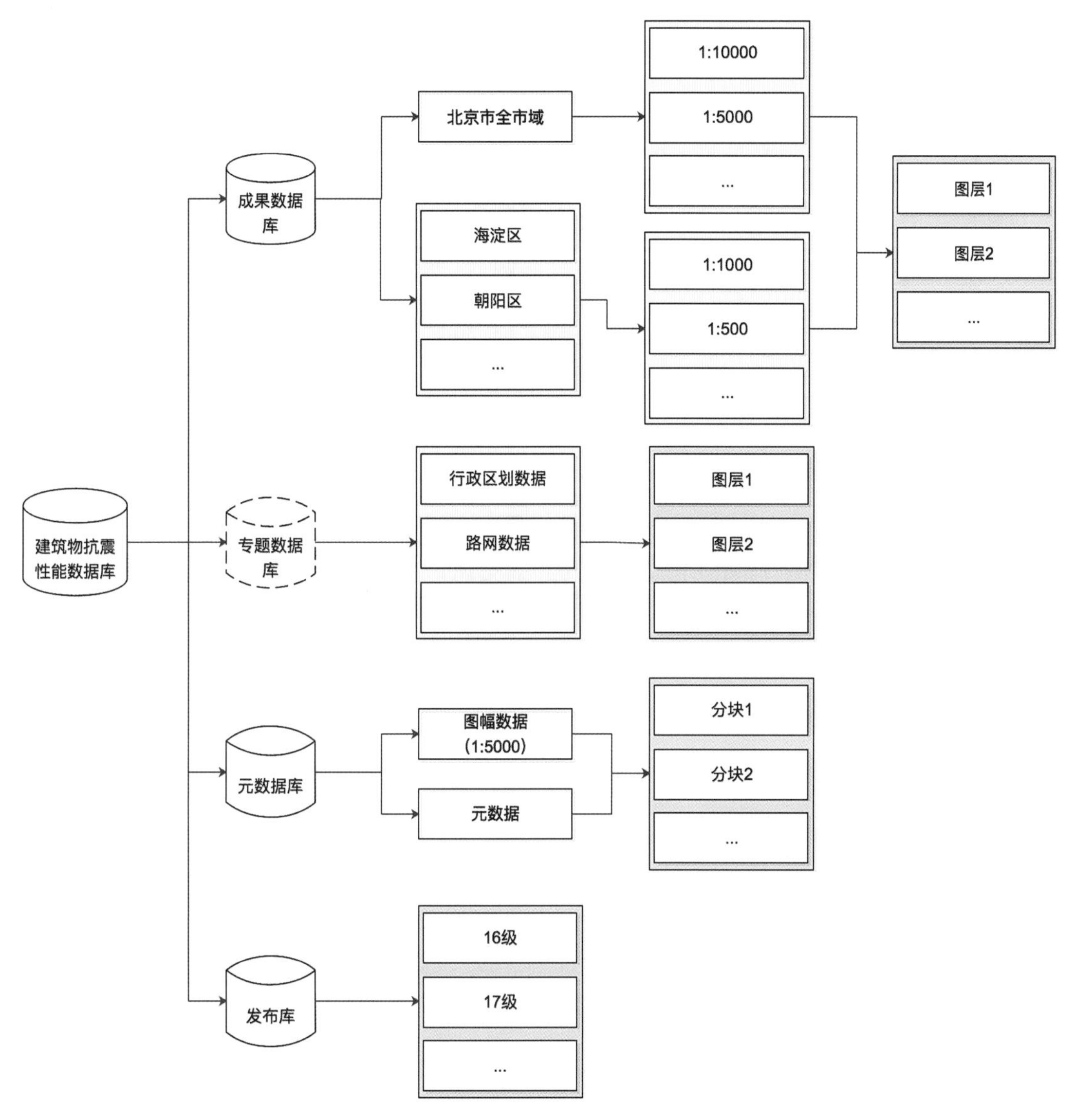

图 3-6　北京市建筑物抗震性能信息数据库逻辑模型

3.3.1.4 更新入库流程

- 元数据库矢量数据更新入库流程。

矢量数据更新入库流程如图 3-7 所示：从北京市抗震性能成果数据中提取图幅数据，形成分发包；作业单位下载分发包，进行内外业更新作业，形成更新包；更新包重新入到北京市成果数据库中，完成图幅更新。

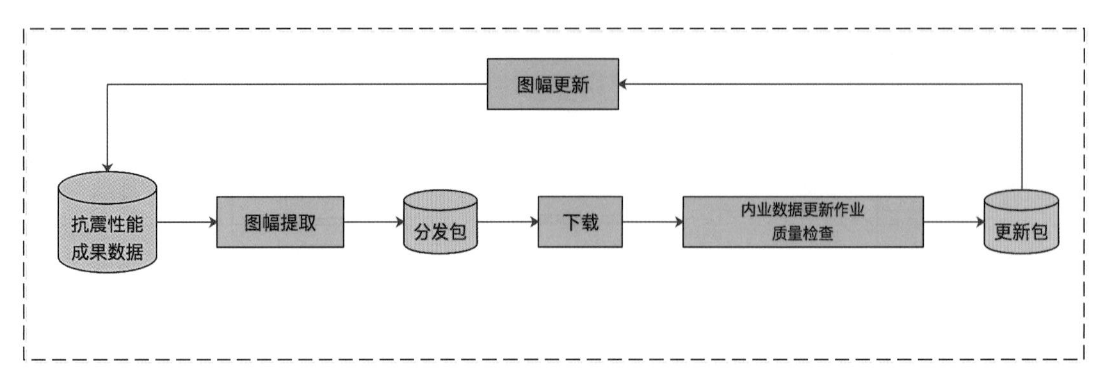

图 3–7　矢量数据更新入库流程

- 工作库更新流程。

按照行政区划范围，从建筑物抗震性能成果库中提取更新范围，形成分发包；作业单位下载分发包，进行外业调查，形成更新包；通过质量检查后，更新包重新入到北京市成果数据库中，完成更新。

- 成果数据更新入库流程。

建筑物抗震性能数据经数据质检、汇交入库，入到市级成果库中形成成果数据，成果数据通过脱密处理、切片制作入市级发布库中，形成发布数据，具体流程见图 3–8、图 3–9。

3.3.2 基础设施层

基础设施层是北京建筑物抗震性能普查平台的核心部分是整体框架的支撑平台，对整个市 / 区一体化平台的建设和日常运行至关重要。根据现有基础设施条件，从计算、存储、网络三个方面进行详细的规划设计，满足市 / 区一体化抗震性能普查的需要。

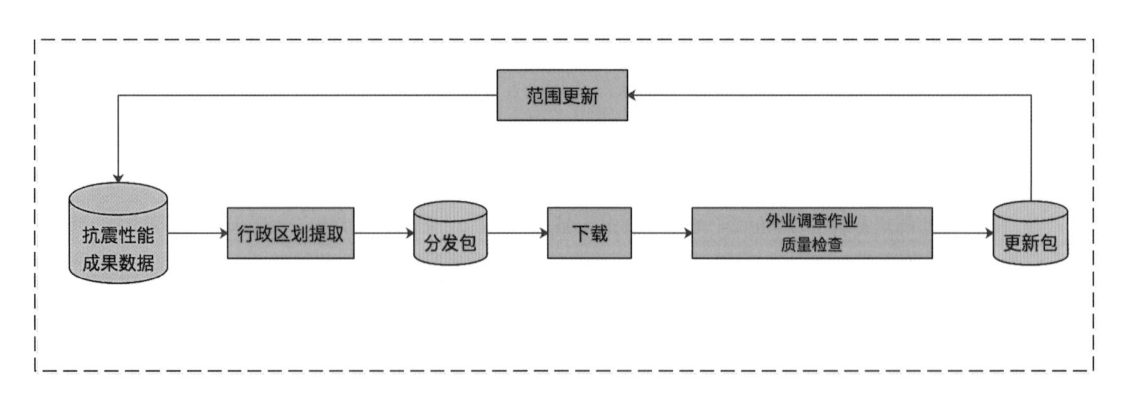

图 3–8　成果数据更新入库流程

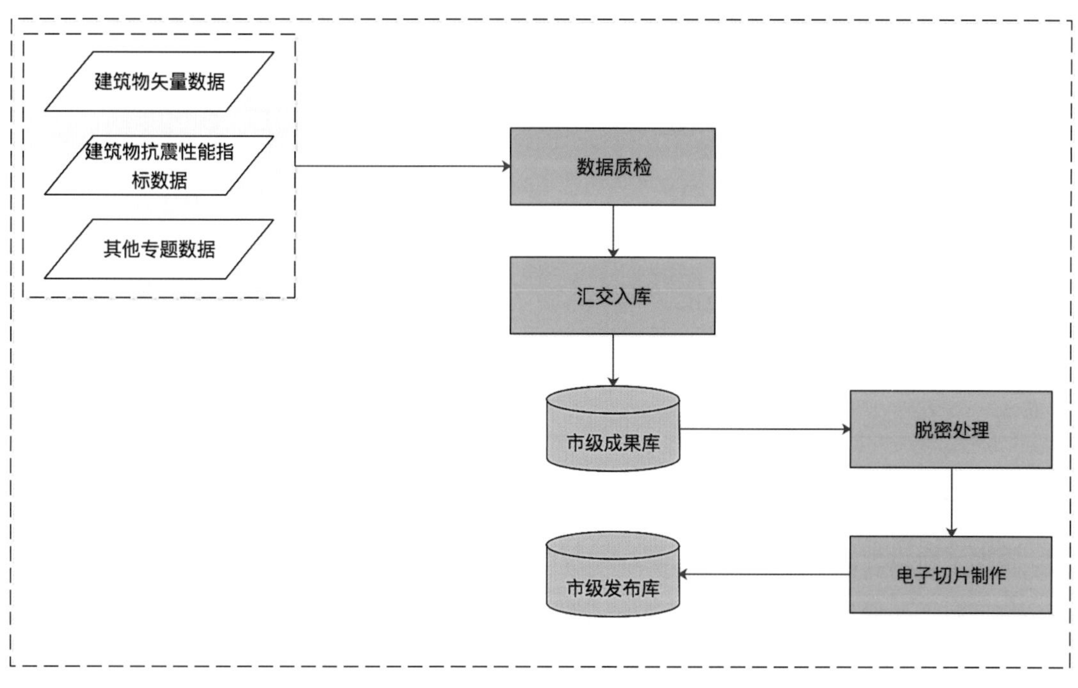

图 3–9　发布库更新流程

3.3.2.1 基础设施条件

基础设施层以物理设备作为基本单元，实现一体化抗震性能普查平台计算资源池、网络资源池、存储资源池。根据前期调研结果，需要满足表 3–1 配置，即能够满足实现一体化平台建设需要。

表 3–1　硬件配置列表

名称		数量（台）	描述
服务器	PC 服务器	4	物理服务器，配置 4U × 8 核，64G 内存，600GB SAS 硬盘，千兆自适应网卡
网络接入设备	核心交换机	1	冗余主控模块；冗余电源；48 端口千兆以太网电接口模块；24 端口千兆 / 百兆以太网光接口模块；交换路由引擎
	防火墙	1	整机吞吐量＞ 12G，最大并发连接数＞ 22 万，每秒最大新建连接数 10 万
	入侵防御	/	整机吞吐量＞ 10G，最大并发连接数＞ 15 万
附属设施	机柜	/	标准 42U，高 1999mm，宽 608mm，厚 999mm，重 170kg，最大负载 907kg
	机架式液晶屏套件	/	服务器客户端显示控制

根据前期调研，所需平台软件以及应用软件见表 3–2。

表 3–2 软件配置列表

软件类型		用途
中间件	Tomcat7.0	应用服务器中间件
	Node.js	应用服务器中间件
数据库	Postgre GIS	空间数据存储
	MongoDB4.0	切片数据存储
Java	JDK1.7	基础编译支撑环境

3.3.2.2 存储规划设计

根据平台设计需要，后台采用光纤通道 SAN 的技术进行公共存储管理（图 3–10）。物理服务器通过配备的 HBA（主机总线适配器）连接整个存储系统。

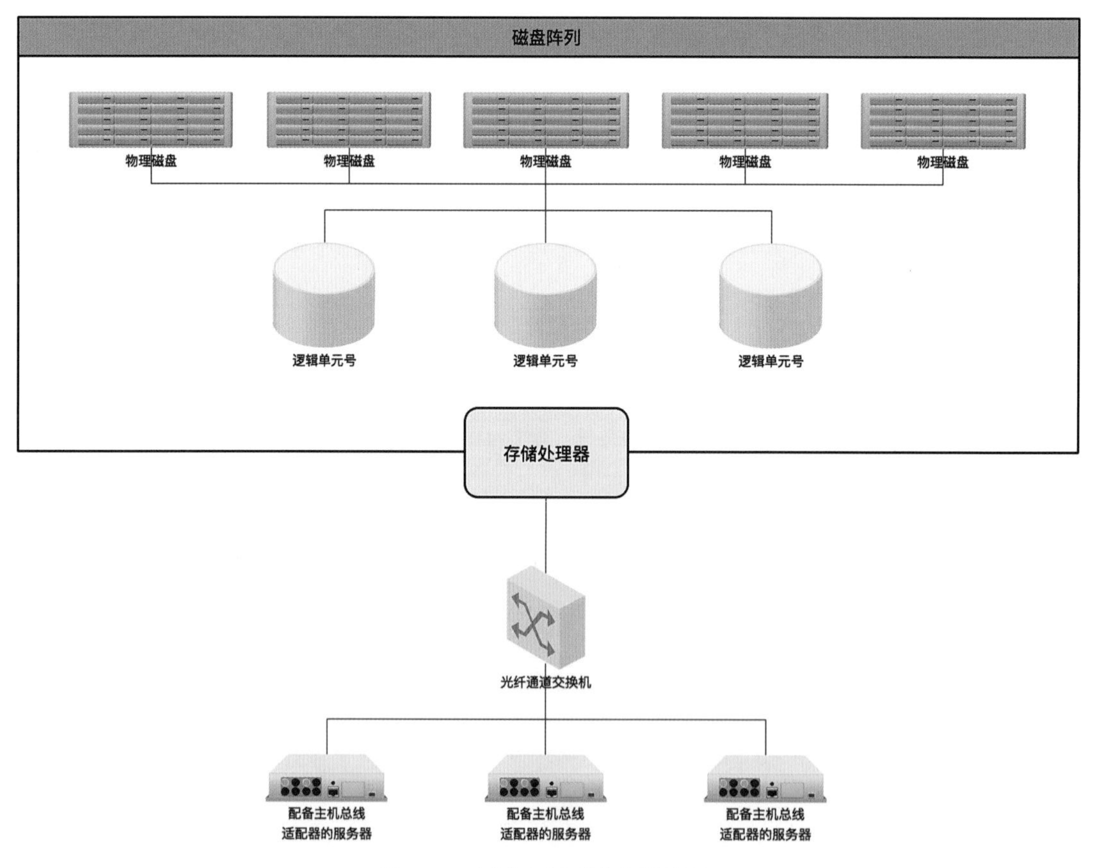

图 3–10 平台存储系统规划设计

服务器 HBA 通过 FC 交换机（光纤通道交换机）完成与存储系统的连接，HBA 交换机具有高可用性、没有单点崩溃和企业级的特征功能（例如加密、虚拟化 SAN 到其他网络的网络等）。

整个存储系统包含存储处理器、物理磁盘和逻辑单元号，可以进行随意的存储空间扩展。

3.3.2.3 网络规划设计

该部分网络条件依托于北京市地震局现有环境，主要是和网络相关的网络设备，根据服务器的配置，每台主机配置 4 ～ 6 块千兆网卡，每块两个网口。如果在实施过程中有需要可及时增加。交换机等其他网络设见表 3–3。

表 3–3　网络设备清单表

设备类型	设备型号	设备数量	备注
SAN Switch	/	1	
千兆自适应网络交换机	/	1	
LC—LC 单模光纤线	按需	按需	
UTP 以太网线	按需	按需	
其他网络设备	防火墙等	/	

平台网络规划设计见图 3–11。

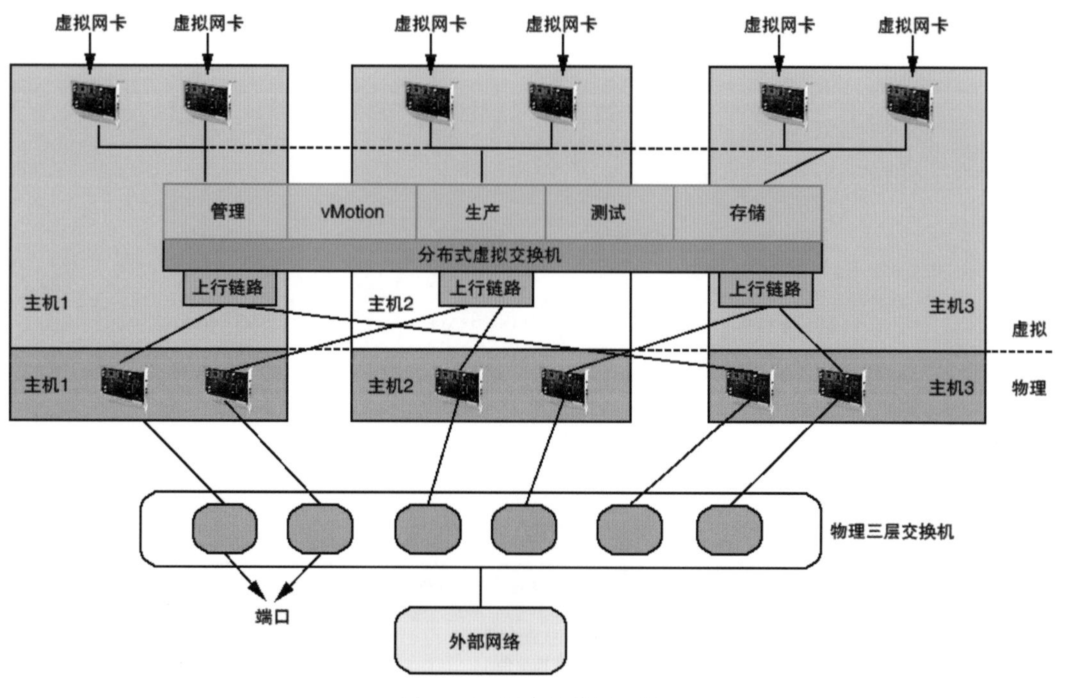

图 3–11　平台网络规划设计

平台的网络分为物理网络和虚拟网络两层。

虚拟网络中采用分布式虚拟交换机的模式，即将几台服务器建立一个大的虚拟交换机，所有的客户端都介入到这个大的交换机中，可在虚拟机跨多个主机移动时使其保持网络运行时状态，从而实现内监视和集中式防火墙服务。

其与标准虚拟交换机的价值在于在主机之间实现共享，各个主机之间作为虚拟设备实现可用性。

根据平台的需要，分布式虚拟交换机至少建立 4 个端口组，即管理、生产、测试、存储所有端口。

3.3.3 一体化平台层

一体化平台层是在 GIS 平台层基础上搭建的成熟的 SaaS 应用以及对其他业务应用系统整合、支撑的架构层，是本次抗震性能普查资源汇集与共享协同的中心，是一体化抗震性能普查建设面向市县应用的重要成果，其逻辑架构见图 3–12。

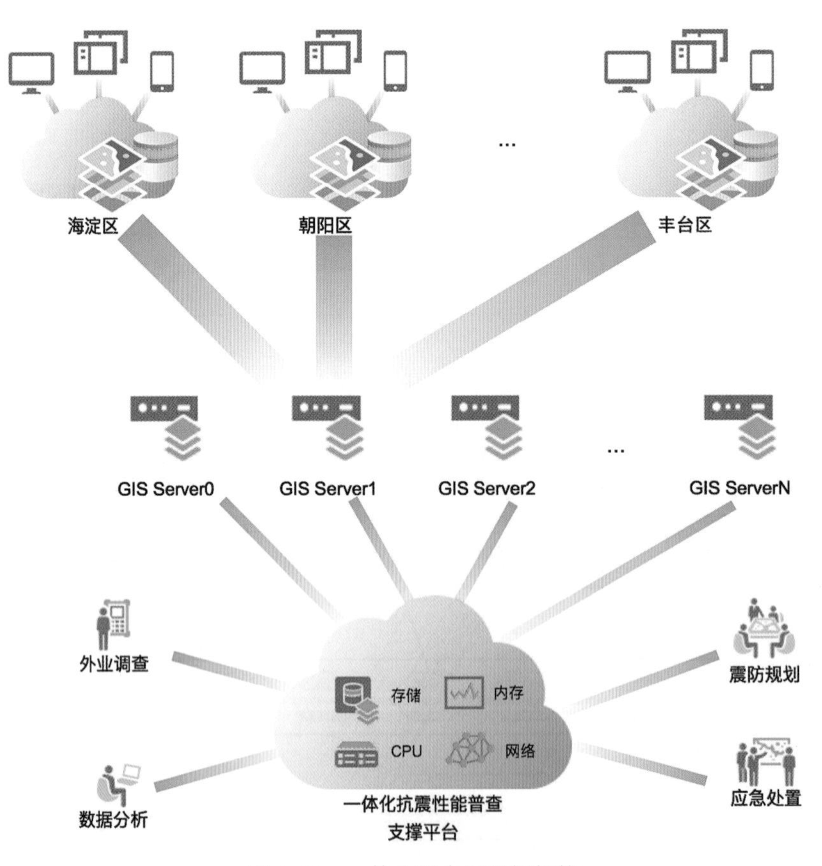

图 3–12　一体化平台层逻辑架构

从硬件、数据、应用服务等角度综合考虑，依据统一标准、统一维护的原则，将硬件资源、数据资源、地理信息平台软件的资源集中安装部署在北京市地震局，即物理集中。为了保障数据资源安全以及独立性，满足区县防震减灾部门自身个性化的需求，平台将从逻辑上进行隔离，市级、各区县级的数据资源以及接入应用系统将拥有自己独立的安全机制、保密机制与资源维护机制（见图 3–13）。

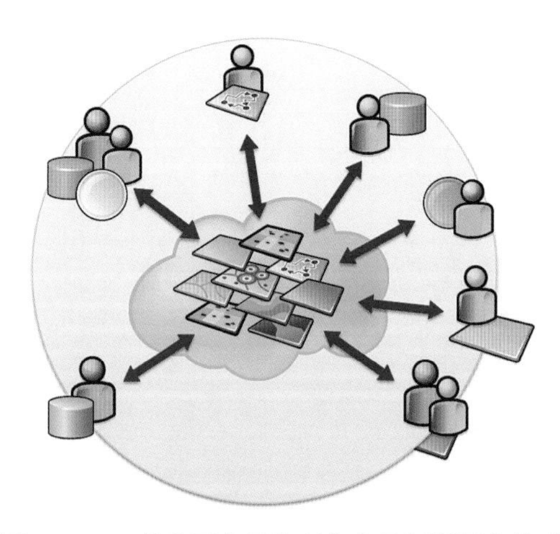

图 3–13　一体化平台层物理集中及逻辑隔离模型

3.3.4 平台应用层设计

北京市 / 区一体化建筑物抗震性能普查平台为了满足不同工作类型、不同承载体等各类型的应用需求，设计提供包括专业 GIS 桌面端、Web 应用端、移动应用端等各种类型的应用端（图 3–14），能够满足不同场合、不同人员在任何地点、任何时间的应用。

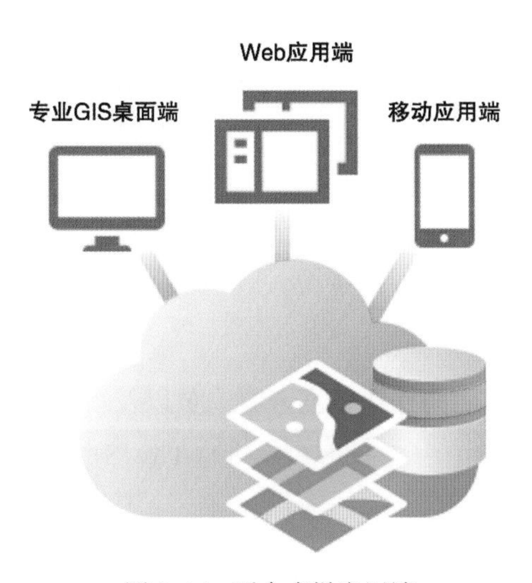

图 3–14　平台多样应用端

3.3.4.1 专业 GIS 桌面端

专业 GIS 桌面端（图 3–15）面向专业人员进行空间数据管理、数据处理、空间分析等专业级应用。

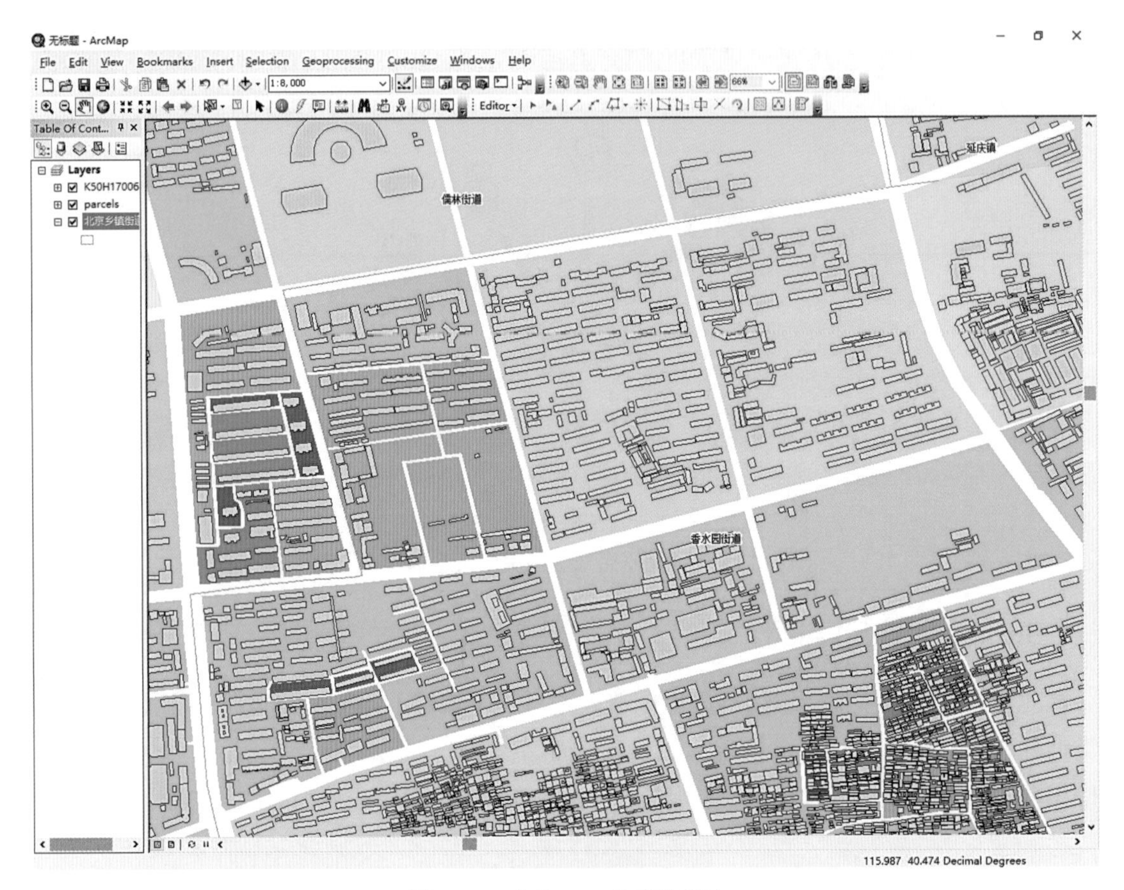

图 3–15　专业 GIS 桌面端截图

3.3.4.2 Web 应用端

Web 应用端（图 3–16）分面向各类用户，通过 Web 应用端可以进行专题图制作、资源管理、资源共享等各类功能，满足不同级别不同类型的用户的 GIS 应用。

3.3.4.3 移动应用端

移动应用端（图 3–17）面向外业数据采集人员以及在移动端业务办公需求，可以通过移动端进行在线或离线数据采集，同时可以进行单位内部数据资源浏览查看以及资源的管理与共享。

全部 / 海淀区 / J50H001074
西苑桥
万泉河路
西苑桥
万泉河路
西苑医院路
建筑编号
建筑编号
建造年代
建筑高度
层数(上/下)
结构类型
用途与功能
详细地址
1101080130000973000001
北京大学
1/0
砖混
小/中/大学
北京市海淀区颐和园路 5 号
1101080150000973000002
北京大学承泽园 42 号楼
1/0
砖混
小/中/大学
海淀区
1101080150000973000003
北京大学
1/0
砖混
小/中/大学
北京市海淀区颐和园路 5 号
1101080150000973000004
北京大学
1/0
砖混
小/中/大学
北京市海淀区颐和园路 5 号
1101080150000973000005
北京大学
1/0
砖混
小/中/大学
北京市海淀区颐和园路 5 号

图 3-16　Web 应用端截图

图 3-17　移动应用端截图

3.4 市 / 区一体化建筑物抗震性能普查平台用户体系设计

市 / 区一体化建筑物抗震性能普查平台根据市县两级各类用户的应用需求，将用户体系分为三大类角色：维护管理类、地震局内部类、数据生产类。其设计架构将全面考虑在一体化平台的不同层面满足各类用户的不同需求（图 3-18）。

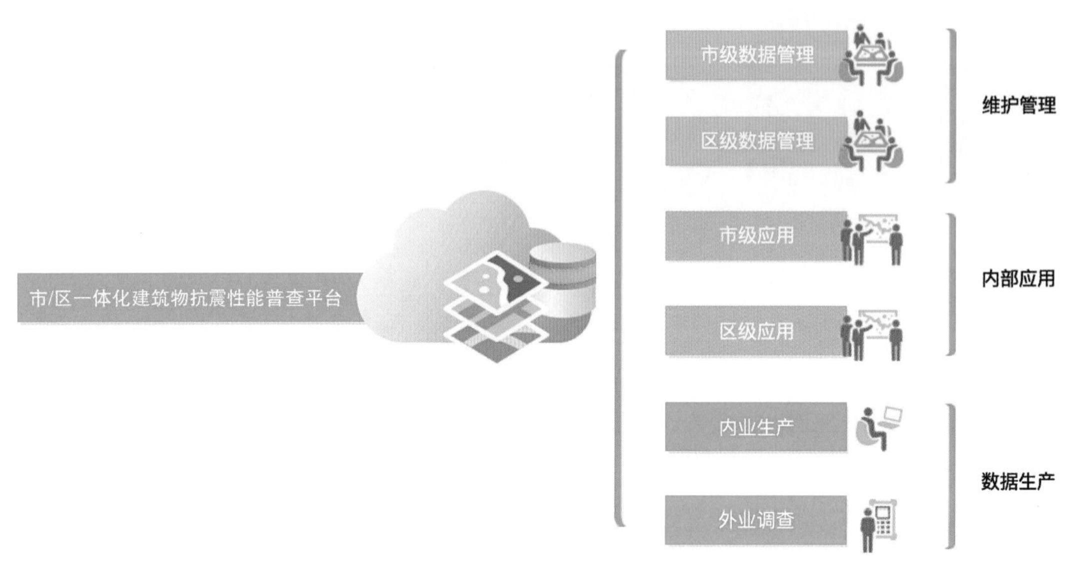

图 3-18　市 / 区一体化建筑物抗震性能普查平台用户体系设计架构

3.4.1 维护管理类用户

管理维护类用户主要为市区两级日常数据管理维护人员以及市级日常数据管理维护人员（图 3-19）。

图 3-19　市区两级日常数据管理维护人员功能需求

3.4.2 地震局内部用户需求

市区两级地震局从现存和未来震防应用的角度考虑，通过各类应用端快速进行日常业务工作或者业务应用，并为未来的震防规划、应急评估等应用提供数据和软硬件基础支撑环境（图 3-20）。

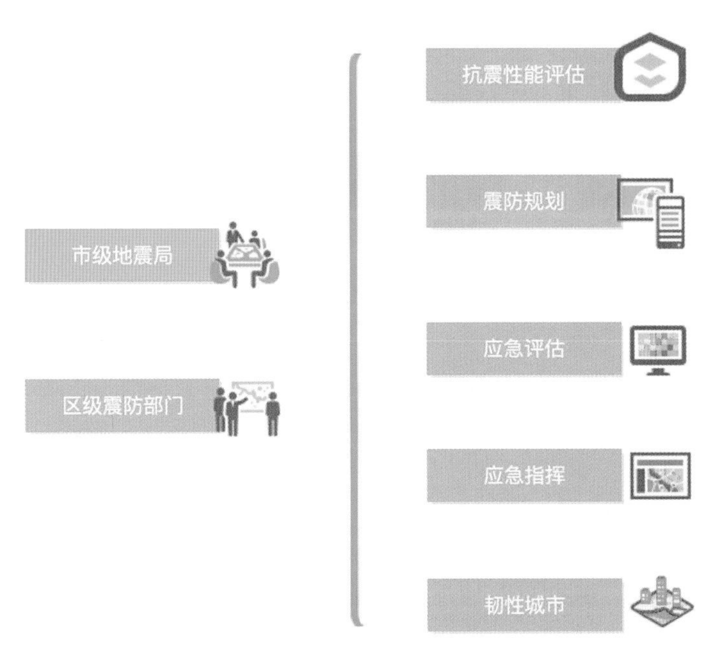

图 3-20　市区两级地震局内各部门应用需求

3.4.3 数据生产类用户需求

数据生产类用户主要包括内业数据生产和外业数据调查，用于前期的数据生产及后期的数据更新，他们都以服务调用的形式访问平台数据（图 3-21）。

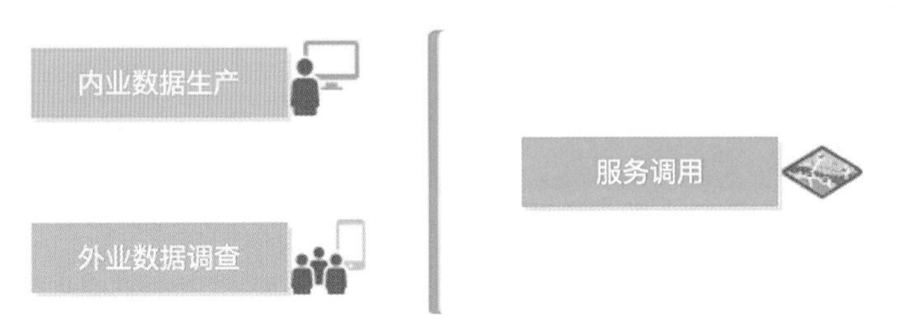

图 3-21　数据生产类用户需求

第4章

标准规范体系建设

北京市 / 区一体化建筑物抗震性能普查平台标准化与规范化体系设计的主要内容有如下几个方面：

① 建筑物抗震性能普查的需求调查和分析；

② 各应用系统标准规范的确定；

③ 统一地理坐标系统和数据格式的确定；

④ 信息源和信息采集、处理精度控制标准的确定；

⑤ 信息系统标准规范与有关国标、行标的一致性研究；

⑥ 各级比例尺图幅的分幅及编号方法；

⑦ 数据共享和交换涉及的数据格式、交换方式、传输方式等规范；

⑧ 一体化普查平台管理规定。

北京市 / 区一体化建筑物抗震性能普查平台标准化建设在地理信息方面将形成若干编码标准，具体实施时将根据情况有所增删：

① 调查底图分类编码标准；

② 建筑物编码标准；

③ 普查信息元数据标准；

④ 建筑物抗震性能数据规范；

⑤ 空间信息数据服务规范。

综合上述内容，北京市 / 区一体化建筑物抗震性能普查平台标准体系的建设内容大致应包括 4 个方面：一是数据标准，包括数据分类 / 分层编码标准、元数据标准和建筑物抗震性能数据规范等；二是服务规范，包括空间信息服务规范等；三是平台管理规范，包括普查数据更新标准和平台应用标准；四是安全标准，包括网络安全标准、系统安全标准等。

4.1 数据标准体系

为使平台用户能够数据使用得方便，数据释意的准确无误，需要与专业业务部门共同确定相关的数据标准体系内容，其主要作用是把不同来源、格式和特点的数据在逻辑上有机地集成，同时制定数据的时间维度信息标准，实现数据时空完整性。

主要的数据内容标准包括有：数据编码标准、元数据标准、外业数据普查标准、内业数据制作规范等 4 类。

4.1.1 数据分类编码标准

数据分类编码标准是通过科学地认识数据，采用一定的分类方法将具有某种共同特征的地理空间数据归并在一起，使之与不具有上述共性的数据区分开来，并对其分类标以一定的分类代码，用以标示数字形式的地理信息，保证数据存储及交换的一致性，实现数据有效组织与管理，最终实现数据共享的目的。

制订数据分类编码标准可参考的已有标准，见表 4–1。

表 4–1　数据分类编码参考标准

序号	标准名称	标准编号
1	地理信息 编码	ISO 19118—2005
2	地理信息 图示表达	ISO 19117—2005
3	地理信息 要素编目方法	ISO 19110—2005
4	地理信息 现行实用标准	ISO/TR 19120—2001
5	基础地理信息要素分类与代码	GB/T 13923—2006
6	专题地图信息分类与代码	GB/T 18317—2001
7	国家基本比例尺地形图分幅和编号	GB/T 13989—1992
8	国家基本比例尺地图图式	GB/T 20257—2006
9	地图符号库建立的基本规定	CH/T 4015—2001

数据分类编码标准主要用于规范调查底图的编制。

4.1.1.1 行政区划数据分类编码

按照行政区划级别分为国家、省 / 自治区 / 直辖市、自治州 / 县 / 自治县 / 市、区 / 县 / 民族乡 / 镇，共 4 级，其分级 / 分类编码表 4–2。

表 4–2　行政区划数据分类编码

字段名	编码	描述
ADMIN_LEVEL	106000	国家级
	106001	省 / 自治区 / 直辖市
	106002	自治州 / 县 / 自治县 / 市
	106003	区 / 县 / 民族乡 / 镇

4.1.1.2 用地类型数据分类编码

按照用地类型的不同，分为绿地、公园、学校、农业、医院等 15 类，其分类编码见表 4–3。

表 4–3　用地类型数据分类编码

字段名	编码	描述
CLASS	107000	未利用用地
	107001	农业用地
	107002	机场用地
	107003	墓地
	107004	冰川、永久冰 / 雪
	107005	草地
	107006	医疗用地
	107007	公园、城市绿地等
	107008	滑雪等山地运动用地
	107009	运动场、球场等
	107010	岩石覆盖区域
	107011	沙地
	107012	教育用地
	107013	灌木丛等
	107014	森林、林业用地

4.1.1.3 地名地址数据分类编码

按照地名地址归属的行政区划级别，共分为 4 级，其分级 / 分类编码见表 4–4。

表 4–4　地名地址数据分类编码

字段名	编码	描述
CLASS	108000	主权国家、特别行政区、自治实体等
	108001	省 / 自治区 / 直辖市
	108002	自治州 / 县 / 自治县 / 市
	108003	区 / 县 / 民族乡 / 镇

4.1.1.4 道路数据分类编码

按照道路等级分为高速公路、主干道、次干道、支路等，共分为 28 类，其分类编码见表 4–5。

表 4–5　道路数据分类编码

字段名	编码	描述
CLASS	109000	高速公路
	109001	高速公路连接线
	109002	主干道
	109003	主干道连接线
	109004	一级公路
	109005	一级公路连接线
	109006	二级公路
	109007	二级公路连接线
	109008	三级公路
	109009	三级公路连接线
	109010	街道
	109011	限制街道
	109012	步行街
	109013	在建机动车道
	109014	小道
	109015	服务类道路
	109016	机动车道连接线
	109017	人行道
	109018	铁路主路
	109019	轻轨等
	109020	铁路支线
	109021	缆车线路等
	109022	高尔夫球场连接线
	109023	环岛
	109024	小型环岛
	109025	道路尽头加宽部分
	109026	道路掉头区域
	109027	交叉路口控制区域

4.1.1.5 河流数据分类编码

按照河流级别，共分为 6 级，其分级 / 分类编码见表 4–6。

表 4–6　河流数据分类编码

字段名	编码	描述
CLASS	110000	大型河流
	110001	中 / 大型人工河流
	110002	一级支流
	110003	二级支流
	110004	三级支流
	110005	四级支流

4.1.1.6 湖 / 海数据分类编码

按照类型分为海洋、湖泊、池塘等 6 级，其分级 / 分类编码见表 4–7。

表 4–7　湖 / 海数据分类编码

字段名	编码	描述
CLASS	111000	海洋
	111001	湖泊
	111002	池塘
	111003	水库
	111004	喷泉
	111005	其他

4.1.1.7 建筑物抗震性能指标数据分类编码

建筑物抗震性能指标数据分类共涉及 19 个指标、92 种分类，其分类编码见表 4–8。

表 4–8　建筑物抗震性能指标数据分类编码

字段名	编码	描述
STRUCT（结构类型）	112000	钢结构
	112001	钢混结构
	112002	砖混结构
	112003	砖木结构
	112004	土木结构
	112005	石结构
	112006	其他结构

续表

字段名	编码	描述
USAGE（用途）	113000	住宅
	113001	办公楼
	113002	宾馆旅店
	113003	工业厂房
	113004	仓库
	113005	政府
	113006	车库
	113007	幼儿园
	113008	小 / 中 / 大学
	113009	商业
	113010	应急服务
	113011	医院
	113012	人防
	113013	图书馆
	113014	纪念馆
	113015	博物馆
	113016	体育馆
	113017	电影院
	113018	其他
HAS_DESIGN（有无设计图纸）	114000	有设计图纸
	114001	无设计图纸
IS_CULTURE（是否文物保护单位）	114000	非文物保护单位
	114001	国家级文物保护单位
	114002	省级文物保护单位
	114003	市 / 县级文物保护单位
SEISMIC_INTENSITY（设防烈度）	115000	不设防
	115001	Ⅵ度设防
	115002	Ⅶ度设防
	115003	Ⅷ度设防
	115004	Ⅸ度设防

续表

字段名	编码	描述
SEISMIC_LEVEL（设防等级）	116000	特殊设防
	116001	重点设防
	116002	标准设防
	116003	适度设防
SEISMIC_VERSION（依据的抗震设计规范）	117000	74 规范
	117001	78 规范
	117002	89 规范
	117003	2001 规范
	117004	2010 规范
BASE_TYPE（建筑基础形式）	118000	条形基础
	118001	独立基础
	118002	筏板基础
	118003	箱型基础
	118004	桩基础
WALL_TYPE（墙体材料）	119000	砖墙
	119001	石墙
	119002	生土墙
	119003	多种材料混合
	119004	其他
ROOF_TYPE（楼顶类型）	120000	现浇板平屋面
	120001	预制板平屋面
	120002	现浇板坡屋面
	120003	非现浇板坡屋面
	120004	其他
HAS_RINGBEAN（有无圈梁、构造柱）	121000	无圈梁、构造柱
	121001	有圈梁、构造柱
	121002	有圈梁、无构造柱
	121003	无圈梁、无构造柱
SITE_TYPE（场地类别）	122000	Ⅰ类场地
	122001	Ⅱ类场地
	122002	Ⅲ类场地
	122003	Ⅳ类场地

续表

字段名	编码	描述
DESIGN_DOC（设计和施工资料）	123000	设计施工资料齐全
	123001	设计施工资料基本齐全
	123002	无设计施工资料
HAS_FALLDANGER（有无坠落危险）	124000	无坠落危险
	124001	存在无钢筋烟囱
	124002	存在无钢筋女儿墙
	124003	存在护栏
	124004	存在空调外挂机
	124005	存在大型广告牌
	124006	其他
SEISMIC_REINFORCE（是否进行过抗震加固）	125000	进行过抗震加固
	125001	未进行过抗震加固
IS_DANGERBUILD（是否危房）	126000	是危房
	126001	非危房
HAS_GAP（主体结构是否有裂缝）	127000	无裂缝
	127001	墙有裂缝
	127002	柱有裂缝
	127003	梁有裂缝
	127004	板有裂缝
FLAT_REGULAR（平面是否为方形或矩形）	128000	平面是方形或矩形
	128001	平面非方形或矩形
FACADE_REGULAR（立面不规则）	129000	立面不规则
	129001	立面规则

4.1.2 元数据标准

元数据是关于数据的结构化数据，在地理空间信息中用于描述地理数据集的内容、质量、表示方式、空间参考、管理方式以及数据集的其他特征，是数据集生产者在提供空间数据集时必须提供的信息。目前，国际上对空间元数据标准内容进行研究的组织主要有 3 个，分别是欧洲标准化委员会（CEN/TC287）、美国联邦地理数据委员会（FGDC）和国际标准化组织地理信息 / 地球信息技术委员会（ISO/TC211）。

北京市 / 区一体化建筑物抗震性能普查平台需要根据国内外已有的地理空间信息元数据标准，参考和跟踪分析正在制定的元数据标准最新方案，充分调研本平台建设的目的、平台的运行环境，空间数据库群中的各类数据的现状和应用以及平台的服务对象，制定出北京市 / 区一体化建筑物抗震性能普查平台地理空间信息元数据专用标准，为平台元数据建设提供标准依据。制订元数据标准可参考的已有标准见表 4–9。

表 4–9　元数据参考标准

序号	标准名称	标准编号
1	地理信息 元数据	ISO 19115—2003
2	地理信息 功能标准	ISO/TR 19120—2001
3	地理信息元数据	GB/T 19710—2005/ISO 19115：2003，MOD
4	基础地理信息数字产品数据	CH/T 1007—2001

建筑物抗震信息普查信息元数据应包括以下基本内容：

- 标识信息。
- 范围信息。
- 数据描述信息。
- 数据质量信息。
- 数据更新信息。

在构建建筑物抗震性能普查库时，应同步建立相应的元数据库，并保存同步的动态更新。

北京建筑物抗震性能普查按 1∶5000 标准图幅进行任务的划分，故而元数据也依附于图幅数据，按照图幅的方式进行组织，具体元数据表结构见表 4–10。

表 4–10　元数据数据表结构

字段名	字段别名	字段类型
FID	要素编号	Number
GRID_CODE	图幅编号	String
BUILD_NUM	图幅内建筑物总数	Number
CREAT_TIME	入库时间	DateTime
UPDATE_ TIME	更新时间	DateTime
MODIFIER	更新人	String
DESCRIPTION	质量描述信息	String
Shape	图幅范围	Polygon

4.1.3 内业数据制作规范

目前，抗震性能普查尚无相关内业数据处理标准，但可以参考国家测绘局已经发布的相关《国家地理信息公共服务平台公共地理框架数据》数据标准的试行稿，主要包括有：

- 《地理实体数据规范》。
- 《地名地址数据规范》。
- 《电子地图数据规范》。
- 《1∶400 万 ~ 1∶5 万地理实体数据整合技术要求》。

内业数据制作标准可以直接引用上述标准并扩充至城市一级，建设相应的技术规程，以满足北京建筑物抗震性能的普查要求。

制订内业数据制作规范可参考的已有标准见表 4–11。

表 4–11　内业数据制作规范参考标准

序号	标准名称	标准编号
1	地理信息公共平台基本规定	CH/T 9004—20
2	地理空间框架基本规定	CH/T 9003—2009
3	数字城市地理空间信息公共平台技术规范	CH/Z 9001—2007
4	数字城市地理空间信息公共平台地名 / 地址分类、描述及编码规则	CH/Z 9002—2007
5	国家地理信息公共服务平台《公共地理框架数据——地理实体数据规范》（试行稿）	
6	国家地理信息公共服务平台《公共地理框架数据——电子地图数据规范》（试行稿）	
7	国家地理信息公共服务平台《公共地理框架数据——地名地址数据规范》（试行稿）	
8	1∶400 万 ~ 1∶5 万地理实体数据整合技术要求	

4.1.3.1 内业矢量化制图规范

按照“按栋构面”的总体原则，房屋均以房基最外边沿轮廓线为准采集，根据房屋形式不同、屋脊高低不一、屋脊前后不齐等因素，按照单幢房屋分别表示。原则上居民地详细采集，不综合取舍。同时，针对不同形制的建筑物采取相应的标准矢量化。

- 拐角直角化处理。

对于建筑物拐角处为直角的，应保证每个房角为直角。见图 4–1 所示。

图 4–1　建筑物房角直角化处理

◎ 投影差处理。

对于有投影差的高层房屋，需要先采集房顶形状，再将房屋面移至房基位置（图 4–2）。

图 4–2　建筑物投影差处理

▶ 按栋构面处理。

无论在城市还是乡村，由完全连接在一起的房屋连续覆盖、且从影像上能判断出来是不同的房屋主体，分开采集（图 4–3）。

图 4–3　按栋构面处理

▶ 高度差处理。

同一房屋的外沿如果不是同一高度且高度差大于 5m（约 40 个像素），禁止连续采集，必须断开逐边采集（图 4–4）。

图 4–4　建筑高度差处理

◎ 建筑边界处理。

建筑物边界凹凸大于15个像素时，应实际采集；小于15个像素时，综合取舍。见图4-5所示。

图4-5　建筑边界处理

◎ 非目标建筑物处理。

矢量化只提取居住类、生活类、办公类、生产类房屋，注意避免矢量化蔬菜大棚、汽车、农田等无关要素，可按屋顶类型区分，只提取水泥、砖瓦、彩钢类、部分玻璃类（图4-6）。

图4-6　非目标建筑物处理

◉ 外伸类屋顶处理。

对于明显属于建筑物外伸遮阳类屋顶，应避免矢量化，只提取建筑物主体结构。见图 4–7 所示。

图 4–7　外伸类建筑物屋顶处理

◉ 带洞类建筑处理。

对肉眼可见的带洞类的建筑物，必须去除空洞部分，只保留主体部分（图 4–8）。

图 4–8　带洞类建筑物屋顶处理

4.1.3.2 内业矢量化成果规范

内业数据矢量化调绘的成果主要包括建筑物空间面数据及相关属性数据，其结构见表 4–12。

表 4–12 内业矢量化成果表结构

序号	字段英文名称	字段类型	字段中文名	备注
1	FID	NUMBER	编号	系统生成
2	BUILDID	TEXT	建筑物唯一编码	
3	GRIDID	TEXT	图幅编号	
4	FLOOR	NUMBER	层数	目视层数
5	STRUCT	TEXT	结构类型	钢结构：1 钢混：2 砖混：3 砖木：4 土木：5 石结构：6 其他：7
6	GEOMETRY	SHAPE	空间数据	

其中建筑物编码采用 22 位数字编码：依次为 6 位行政区划代码 +3 位街道办事处（乡镇）代码 +3 位社区（村）代码 +4 位图幅编码 +6 位房屋建筑顺序码，保证编号唯一，如图 4–9 所示。

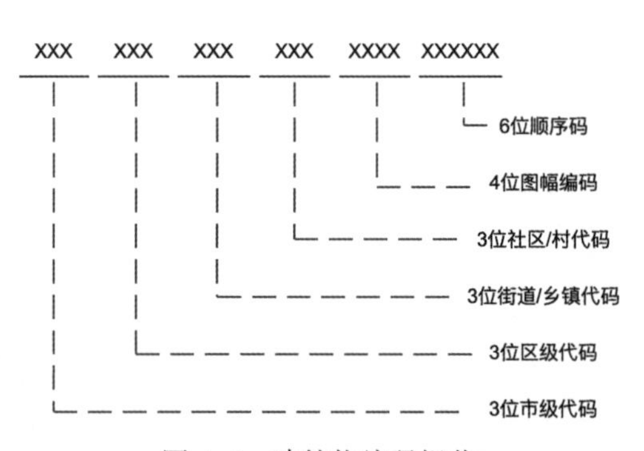

图 4–9 建筑物编码规范

数据处理完成且经质检合格后，应导出符合入库格式要求的数据文件，入库数据应符合相应规定。

- 分层与层名应规范、统一。
- 数据应完整，拓扑关系和逻辑关系应正确。
- 数据结构包括字段命名、类型和宽度等应规范、正确。
- 属性信息应与原始调查记录的信息一致。

4.1.4 外业数据普查标准规范

外业数据普查应明确相关普查区域任务划分标准、普查内容，以及相关普查指标约束条件等信息。

建筑物抗震性能外业调查，信息采集的内容一般包括：建设基本信息、建设场地、地基与基础、抗震设计信息等，调查时应按建筑抗震性能调查表执行，见表 4–13 所示。

表 4–13　外业数据调查表结构

序号	字段英文名	类型	字段中文名	约束条件	备注
1	BUILDNAME	TEXT（100）	建筑物名称	M	
2	BUILDNUM	TEXT（18）	楼座编号	M	
3	BUILDADDR	TEXT（255）	建筑物详细地址	M	
4	BUILDUNIT	TEXT（100）	建设单位	O	
5	CONSTRUCTU	TEXT（100）	施工单位	O	
6	SUPERVISIO	TEXT（100）	监理单位	O	
7	DESIGNUNIT	TEXT（100）	设计单位	O	
8	BUILDTIME	DATE	建筑年代	O	YYYY—MM—DD
9	BUILDAREA	DOUBLE	建筑面积	M	两位小数
10	RESIDENTNUM	INTEGER（10）	居住 / 办公人数	O	
11	PLACETYPE	ENUM	场地类别	C	
12	FLOOROVERG	INTEGER（10）	建筑层数—地上	M	
13	FLOORUNDER	INTEGER（10）	建筑层数—地下	M	
14	BUILDHEIGH	DOUBLE	建筑高度	M	两位小数
15	STRUCTURET	ENUM	结构类型	M	
16	FLOORFORM	ENUM	楼板形式	C	
17	GROUTYPE	ENUM	基础形式	C	
18	WALLTYPE	ENUM	墙体材料	O	
19	COLUMNFULL	ENUM	是否有圈梁 / 构造柱	O	
20	PROTECTINT	ENUM	设防烈度	C	
21	EQPROTECT	ENUM	抗震设防等级	C	
22	FINISHCHEC	ENUM	依据的抗震设计规范	C	
23	HOUSEUSEA	ENUM	建筑用途	M	
24	MAKEEQFIXU	ENUM	是否曾抗震加固	C	
25	ROOFTYPE	ENUM	楼顶类型	O	

续表

序号	字段英文名	类型	字段中文名	约束条件	备注
26	FIXUPTIME	DATE	抗震加固时间	O	YYYY—MM—DD
27	HASCENSOR	ENUM	有无设计图纸	O	
28	ISDANGERHOU	ENUM	是否被鉴定为危房	O	
29	EQPROPERTY	DATE	鉴定时间	O	YYYY—MM—DD
30	ISARCHIVES	ENUM	有无设计和施工材料	O	
31	ISCULTURAL	ENUM	是否文物保护单位	O	
32	HASFALLDANG	ENUM	有无坠落危险物	O	
33	HASGAPS	ENUM	是否有裂缝	O	
34	GAPSDESC	TEXT（255）	裂缝情况	O	
35	FLATREGULAR	ENUM	平面是方形或矩形	O	
36	FACADEREGULAR	ENUM	立面不规则	O	
37	PHOTOS	BLOB	建筑物照片	M	
38	REMARK	TEXT（255）	备注	O	

注：约束条件指该字段取值的约束条件。“M”表示必填、“C”表示条件必填、“O”表示可选。

建筑建设基本信息包括建筑物名称、楼座编号、建筑物详细地址、建设单位、施工单位、建立单位、设计单位、建筑年代、建筑面积、建筑层数、建筑高度、设防烈度等信息。

- 建筑物名称：指房屋建筑实体的实地名称，填写建筑的完整、准确名称，应包括建筑楼座编号，建筑名称要求唯一，不重复。
- 楼座编号：建筑物的 ID 编号，系统自动填充。
- 建筑物详细地址：指房屋建筑所在地的实际门牌标志内容。
- 建设单位：本建筑的建设单位名称。没有经过正规公司设计、建设、施工、监理的可填写“个人业主”“当地工匠”等。
- 施工单位：本建筑的施工单位名称。没有经过正规公司设计、建设、施工、监理的可填写“个人业主”“当地工匠”等。
- 监理单位：本建筑施工过程中的监理单位名称。没有经过正规公司设计、建设、施工、监理的可填写“个人业主”“当地工匠”等。
- 设计单位：本建筑的设计单位名称。没有经过正规公司设计、建设、施工、监理的可填写“个人业主”“当地工匠”等。

- 建筑年代：根据相关竣工验收证明的竣工日期填写，格式为“XXXX 年 XX 月 XX 日”，如 2002 年 03 月 05 日。只能确定年份、月份的按“XXXX 年 XX 月 01 日”填写，如 1980 年 5 月，填写成 1980 年 05 月 01 日。

- 建筑面积：建筑的总建设面积，单位为平方米。建议参考《建筑设计总说明》。

- 居住 / 办公人数：在本建筑居住或办公的总人数。

- 场地类别：场地的类别分为四类，分别是 Ⅰ、Ⅱ、Ⅲ、Ⅳ类，根据该建筑《结构设计总说明》填写。

- 建筑层数：分别用数字填写建筑物地上、地下的层数。无地下室的地下层数填“0”。

- 建筑高度：可通过查阅房屋建筑档案获取；无档案可查时，可通过实测房屋屋顶平面至室外地面的距离获得。

- 结构类型：房屋建筑结构类型以其承重结构所用材料，可分为钢筋混凝土结构、钢结构、砖混结构、砖木结构、石结构、木结构等；以围护结构即墙体类型，可分为框架结构、剪力墙结构、框架 – 剪力墙结构、筒体结构、筒体 – 框架结构、框筒结构、筒中筒结构、悬索结构、网架结构等形式。房屋建筑结构类型可通过查阅该建筑的竣工档案获取；没有建筑档案或在档案上查不到相应内容的，应进行记录存档。

- 楼板形式：有现浇、预制、木屋架等形式，可通过查阅该建筑物的竣工档案，按其相应内容获取。对于多层砌体房屋还要调查其是否有构造柱和圈梁等。

- 基础形式：按开挖深度，可分为深基础（根据结构形式，又可分为桩基础、墩基础、沉井和沉箱、地下连续墙等形式）、浅基础（根据结构形式，又可分为独立基础、条形基础、十字交叉基础、筏板基础和箱型基础等形式）等；按受力特点，可分为刚性基础、柔性基础、扩展基础等；按材料，可分为钢筋混凝土基础、毛石基础、混凝土基础、砖基础、灰土基础等形式，地基基础类型通过查阅该建筑的竣工档案获取。

- 墙体材料：结构类型为砖混、砖木的建筑填写此项，根据墙体砌筑材料勾选。

- 是否有圈梁 / 构造柱：圈梁和构造柱是在砌完墙后用混凝土浇筑、配有钢筋的梁和柱。圈梁是围成一圈的梁，构造柱位于房屋四角或纵横强连接处。圈构造柱顶端和圈梁连到一起，是为提高房屋整体性而采取的一种抗震措施。

- 设防烈度：根据该建筑《结构设计总说明》勾选，一般情况下取基本烈度。

- 抗震设防等级：抗震设防分类等级有两种不同的表述方式分：甲、乙、丙、丁和特殊设防、重点设防、标准设防、适度设防。特殊设防相当于甲类、重点设防相当于乙类、标准设防相当于丙类、适度设防相当于丁类。

◉ 依据的抗震设计规范：根据该建筑《结构设计总说明》填写。无相关信息的可不填。74 规范是《工业与民用建筑抗震设计规范》（TJ11—74）的简称；78 规范是《工业与民用建筑抗震设计规范》（TJ11—78）的简称；89 规范是《建筑抗震设计规范》（GBJ11—89）的简称；2001 规范是《建筑抗震设计规范》（GB50011—2001）的简称；2010 规范是《建筑抗震设计规范》（GB50011—2010）的简称。

◉ 建筑用途：勾选建筑物目前的实际用途，比如学校、医院、住宅等。

◉ 是否曾抗震加固：勾选本建筑竣工后，是否对建筑进行抗震加固。

◉ 楼顶类型：根据顶层屋面材料和形式填写，如现浇板平屋面、预制板平屋面、现浇板坡屋面、非现浇坡屋面。

◉ 抗震加固时间：对建筑进行抗震加固的时间。

◉ 有无设计图纸：按照本建筑现存的设计、施工图纸、竣工验收等资料。

◉ 是否被鉴定为危房：勾选本建筑是否被鉴定为危房。

◉ 鉴定时间：开展危房鉴定的时间。

◉ 有无设计和施工材料：本建筑现存的设计、施工图纸、竣工验收等资料的完备情况进行勾选。

◉ 是否文物保护单位：勾选本建筑是否属于文物保护单位。

◉ 有无坠落危险物：坠落危险物指建筑的外墙、顶部有不是建筑设计方案中原有的，而是后期人为修建、外加的。

◉ 是否有裂缝：说明裂缝的位置和大小等情况。

◉ 平面是方形或矩形：根据建筑物外轮廓在水平地面上的投影形状勾选。

◉ 立面不规则：立面不规则包括某一层墙、柱明显少于其他多数层的建筑；立面呈 U 型、L 型的退台建筑、首层柱高不等（通常是建在山坡上）或某一层层高明显小于或大于其他多数层的建筑；质量分布不均匀、墙体竖向不垂直的情况。

◉ 建筑物照片：应提供该建筑的正面、侧面、背面三张彩色照片，单张照片的文件大小不大于 2MB。

备注：对不能在表格中体现的重要信息在这里进行补充说明。

在外业信息采集的过程中，应重点查勘以下内容：

① 达到设计使用年限的房屋建筑；

② 未采取抗震设防措施，且未列入拆除改造计划的特殊设防类和重点设防类房屋建筑、地震重点监视防御区内的房屋建筑；

③《建筑抗震设计规范》（GBJ 11—89）施行之前建设的老旧危房；

④《建筑抗震设计规范》（GB 50011—2001）施行之前建设的底框房屋；

⑤ 房屋建筑高度超过《建筑抗震设计规范》规定限值的；

⑥ 改变原设计使用功能，可能对抗震性能有影响的房屋建筑；

⑦ 其他存在明显抗震安全隐患的房屋建筑。

对于缺少档案资料且通过外业难以获取相应信息的房屋建筑，应在抗震性能调查表备注栏中注明有关情况，并入库保存，便于存档查看。

4.1.5 其他数据标准

其他需要考虑制定的数据标准还包括《数据高程模型标准》《数字正射影像标准》《空间定位精度标准》等。

4.2 服务标准体系

4.2.1 空间信息服务规范

北京市市县一体化建筑物抗震性能普查平台空间信息服务规范规定了平台提供的空间信息服务的类型、支持的操作、访问方式、访问接口等。通过访问空间信息服务，可以实现分布式环境下，对异构空间数据的访问和操作。

空间信息服务规范的制订，可参考相应国外网络地图服务接口规范，如 OGC 的 WMS、WFS、WCS、WPS、WMTS 服务规范，并针对北京市市县一体化建筑物抗震性能普查平台的需求进行相应扩展。

制定空间信息服务规范可参考的标准见表 4–14 所示。

4.2.2 运行维护标准体系

北京市市县一体化建筑物抗震性能普查平台提供基于 SOA 面向服务的架构模式，需要制定不同的运维标准及响应模式。在具体运维阶段，为保证所有平台的应用用户顺利使用平台提供的数据和功能资源，需要从平台数据管理、共享信息的发布提供、信息使用范围、审批管理、违规管理和处罚等几个方面规范用户，形成以下平台应用规范：

①《平台用户指南》；

②《平台运维管理规范》。

表 4–14 空间信息服务规范参考标准

序号	标准名称	标准编号
1	地理信息服务	ISO 19119—2005
2	地理信息网络地图服务（WMS）	ISO 19128—2005
3	地理信息网络覆盖服务（WCS）	
4	地理信息网络要素服务（WFS）	ISO19142
5	地理信息目录服务规范	
6	地理信息简单要素访问	ISO19125
7	地理信息网络地理处理服务（WPS）	
8	地理信息网络地图分块服务（WMTS）	
9	地理信息 KML	

4.3 安全标准体系

4.3.1 网络安全标准

北京市市县一体化建筑物抗震性能普查平台的服务网络需要高度的安全性，数据资料的完整性、可用性与可靠性，并要求网络具有一定的容错能力。为满足这些要求，应从管理和技术层面分别制定平台的网络安全标准。制定安全标准主要是依据国家标准，结合具体项目的实际情况确定所需的安全等级，然后根据安全等级的要求确定安全技术措施和实施步骤，同时，制定有关人员的职责和网络使用的管理制度。内容涉及网络管理措施、网络结构设计、链路和网络加密、软硬件选配指标等，防止网络病毒、黑客入侵以及平台使用人员的越级操作，保证公共服务平台的安全高效运行。制定网络安全标准可参考的已有标准见表 4–15。

表 4–15 网络安全参考标准

序号	标准名称	标准编号
1	信息技术—开放系统互连—网络层安全协议	ISO/IEC 11577—1995
2	信息技术安全管理第 1 部分：IT 安全概念和模型	ISO/IEC TR 13335—1
3	计算机应用安全指南	FIPS—73—1981
4	计算机网络访问控制用户，特许技术应用导则	FIPS—83—1981
5	计算机安全认证和鉴别指南	FIPS—102—1983

4.3.2 系统安全标准

制定系统安全标准，主要包括几个方面的内容：数据库安全、Web 安全技术、文件传送系统安全技术、目录系统安全、数据加密物理层互操作性要求、简单网络管理协议等。重点对数据库的备份恢复、数据日志、故障处理的方法和规范，并对系统操作权限控制、设备钥匙、密码控制、系统日志监督、数据更新凭证等多方面进行规定，防止系统数据被窃取和篡改。

制定系统安全标准可参考的已有标准见表 4–16。

表 4–16　系统安全参考标准

序号	标准名称	标准编号
1	信息产品通用测评准则	ISO 15408
2	信息安全管理标准	ISO 13335
3	信息处理系统开放系统互连基本参考模型（第 2 部分安全体系结构）	ISO 7498—2—1989
4	信息处理—数据加密—物理层互操作性要求	ISO 9160—1988
5	计算机信息系统安全保护等级划分准则	GB 17895—1999
6	信息安全管理体系标准	BS 7799

第 5 章

建筑物内业数据制作

以资料收集、遥感信息提取和基于互联网的数据获取与匹配相结合的形式开展建筑物内业数据制作。利用相关部门协调共享、现有数据收集整理及遥感信息提取等工作方式，收集调查范围内建筑物信息，对内业数据生产的成果基于互联网数据作自动化匹配，进行二次加工，形成的成果数据作为外业调查底图。

建筑物内业数据制作主要包含3方面的工作：①基于互联网的建筑物数据获取和解析；②基于遥感影像的建筑物单位范围线提取工作；③基于互联网的建筑物信息自动化匹配与填充。

5.1 基于“互联网 +”的建筑物数据获取

在最新制定的《智慧城市时空大数据平台建设技术纲要》中，着重强调了围绕城市自然资源管理和经济建设、社会发展的需求，扩充基础时空、公共专题、物联网实时感知和互联网在线抓取等数据的能力。

当前，互联网导航地图应用广泛，其时效性好、更新频度快、数据准确度高，是获取城市建筑物矢量数据的理想选择，可作为内业数据生产的“打底”数据，其比例尺一般在1∶5000左右，特别是在城市区域，通常都有较高的覆盖率。

建筑物矢量数据的获取有两种方式，分别是：基于栅格的建筑物数据获取技术，基于矢量切片的建筑物数据获取技术。

5.1.1 基于栅格的建筑物矢量数据获取技术

栅格切片是一种地图缓存技术，通常以OGC地图服务的形式向外提供服务，包括WMS、WFS、TMS等相关形式。栅格切片形成的地图缓存以目录的形式来组织（俗称金字塔结构），按照不同的地图比例尺，将整幅地图切割成相同大小的图片（一般为png），如图5–1所示。

目前相关互联网地图都提供了开放平台，供用户定制底图服务，我们可以利用相关开放平台，来自定义任意图层的样式、显示与否等，如图5–2所示。

在此功能的基础上，我们可以将除了建筑物外的其他图层全部设置为不显示，从而达到获取建筑物数据的目的。同时我们将陆地图层设置为黑色，建筑物图层设置为白色（注意将地图至少缩放至17级，才能看到建筑物图层），类似“二值化”处理，以方便后期建筑物数据的提取工作，其效果见图5–3。

将地图屏幕截图保存，这样就产生了一个二值化效果的栅格数据，以此数据为基础，即可导入ArcMap进行建筑物矢量化提取。

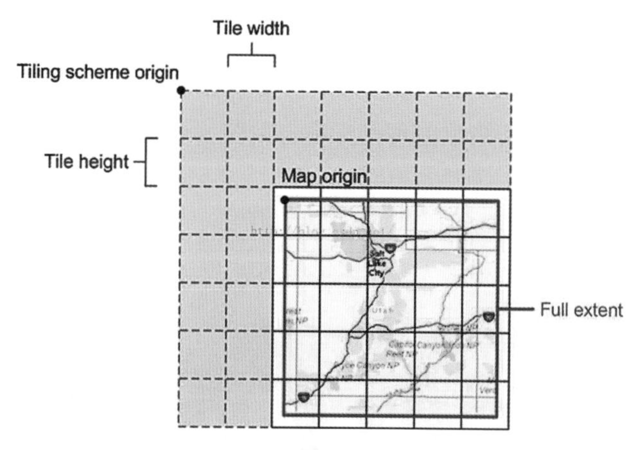

图 5-1　栅格切片示意图

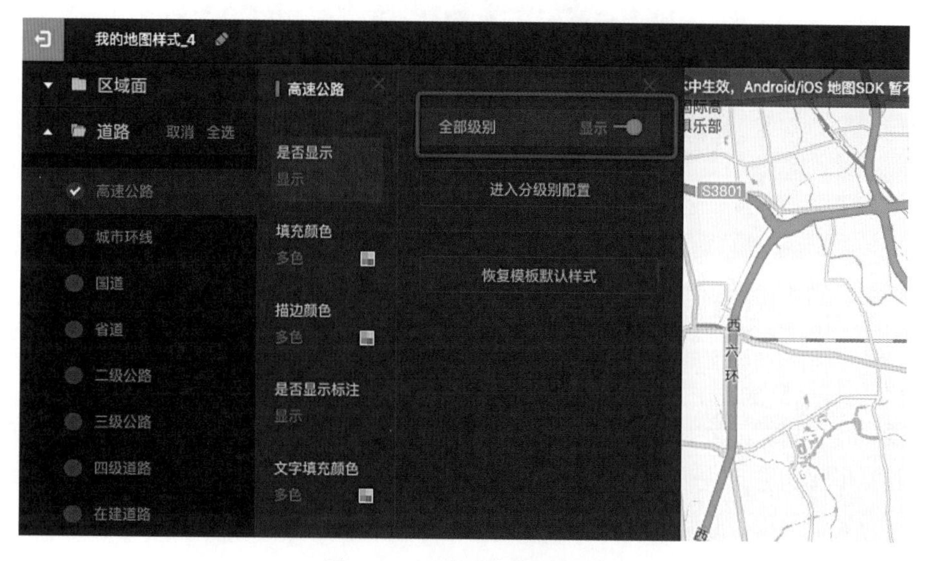

图 5-2　开放平台定制底图

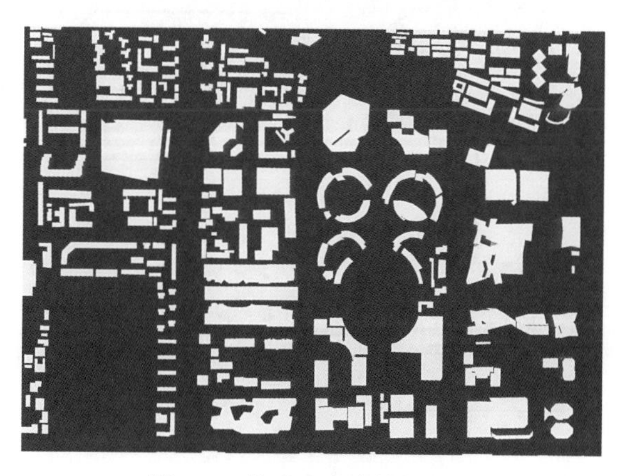

图 5-3　单独显示建筑物图层

基于 ArcMap 的自动矢量化共分 3 个步骤：

① 由于获取的栅格截图数据并不包含坐标信息，所以首先需要在地图范围内选择至少 3 个参考点，来对获取的栅格数据进行配准，见图 5-4 所示。

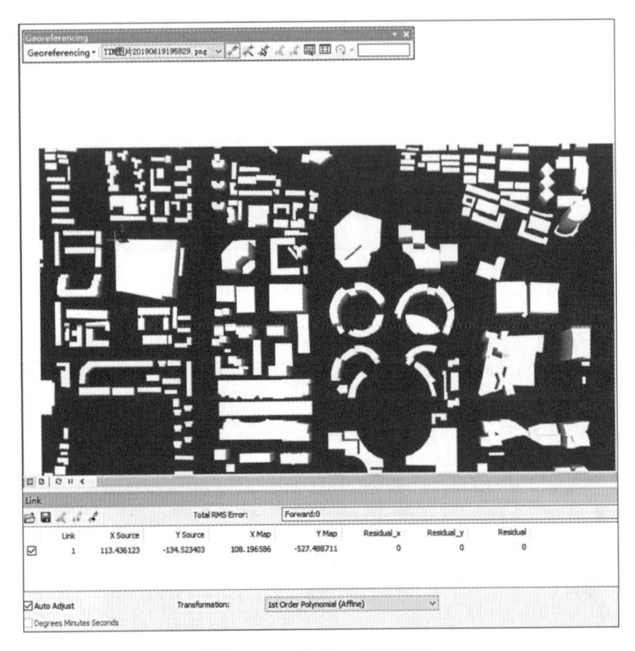

图 5-4　栅格数据配准

② 配准完成后，即可利用 ArcMap ToolBox 构建 Tool Model，对栅格数据进行矢量化提取，主要步骤为：首先通过【重分类】工具将栅格二值化，然后使用【栅格转面】工具将栅格转为矢量数据，最后使用【筛选】工具提取要素，具体模型见图 5-5。

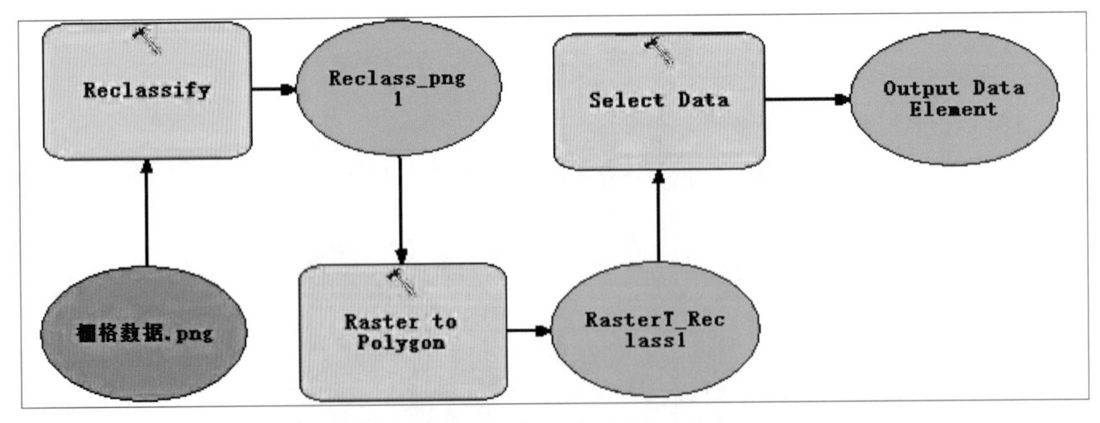

图 5-5　栅格自动矢量化模型

同时，我们对【重分类】工具参数按照栅格值进行设置，以保证准确提取，如图 5-6 所示。

这里将栅格值为 0 ~ 247 的重分类为“1”，即黑色区域；栅格值为 248 ~ 255 的重分类为“2”，即白色区域。

执行该模型，生成了最终的成果矢量化数据，见图 5-7 所示。

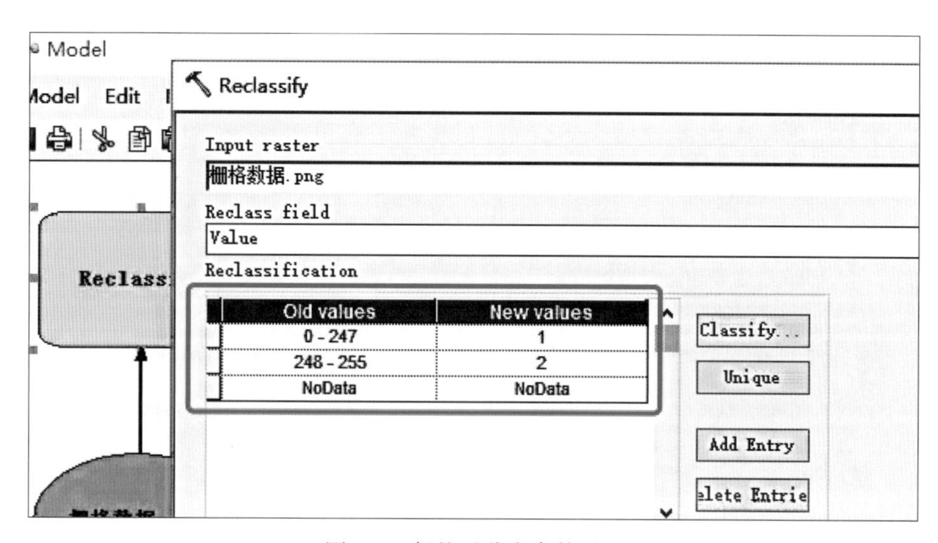

图 5-6　栅格重分类参数设置

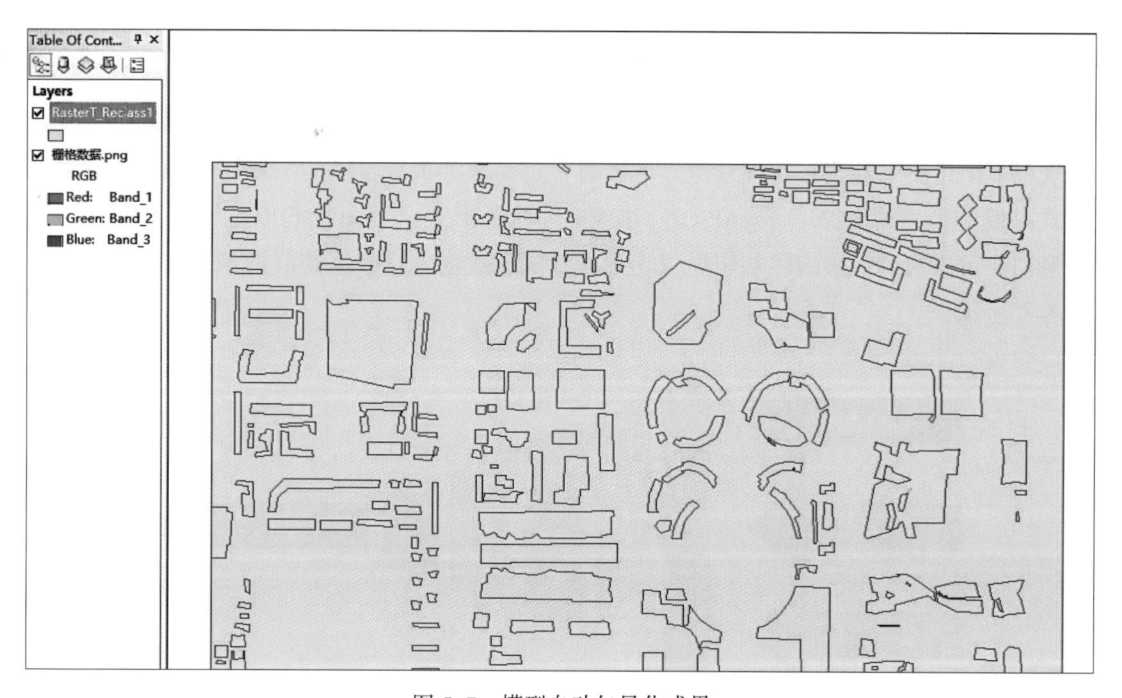

图 5-7　模型自动矢量化成果

③ 删除无效数据（即 gridcode 为 1 的数据）后，即可获得该区域的建筑物矢量面数据，效果见图 5-8。

以上即为基于栅格的建筑物矢量面提取的核心步骤，其优点是获取及解析简单，缺点是没有建筑高度或楼层数等相关属性。

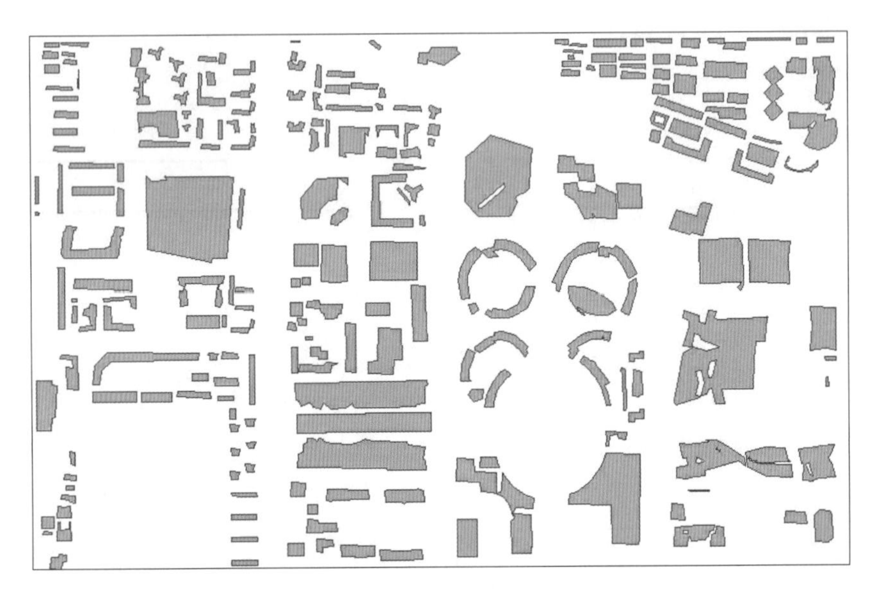

图 5-8　基于栅格的建筑物矢量面获取成果

5.1.2 基于矢量切片的建筑物数据获取技术

矢量切片是一种用来创建动态、可交互地图的新技术，其标准规范是开源的，在其标准规范上衍生出了众多自定义规范，比如百度、高德等都有自己的矢量切片规范，其数据格式一般包括 GeoJSON、TopoJSON、MVT 等几种形式，下面我们以基于某互联网地图矢量切片数据为例，来阐述基于矢量切片技术的建筑物矢量数据获取技术，其核心步骤如图 5-9 所示。

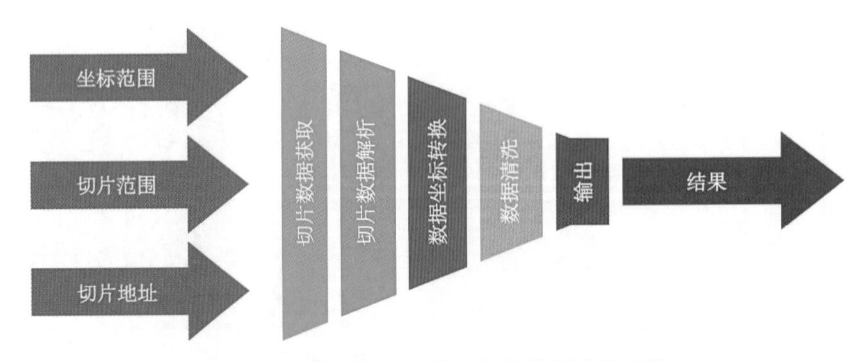

图 5-9　基于矢量切片的建筑物数据获取步骤

5.1.2.1 基于矢量切片的地图

国际标准的经纬度坐标系是 WGS84，Open Street Map、外国版的 Google Map 都是采用 WGS84。高德地图使用的坐标系是 GCJ-02，百度地图使用的坐标系是 BD-09。高德地图和百度地图都提供了在线的单向坐标转换接口，将其他坐标系换化到自己的坐标系，但这种转换受限于 http url 请求字段长度和网络请求延迟，批量处理并不实用。离线相互转换可以通过相关的开源 JavaScript 库 coordtransform 实现，误差在 10m 以内。虽然各地图服务商经纬度坐标系不同，但某一互联网地图的经纬度坐标与瓦片坐标相互转换只与该地图商的墨卡托投影和瓦片编号的定义有关，跟地图商采用的大地坐标系标准无关。

墨卡托投影使用经纬度表示位置的大地坐标系虽然可以描述地球上点的位置，但是对于地图地理数据在二维平面内展示的场景，需要通过投影的方式将三维空间中的点映射到二维空间中。地图投影需要建立地球表面点与投影平面点的一一对应关系，在互联网地图中常使用墨卡托投影。墨卡托投影是荷兰地理学家墨卡托于 1569 年提出的一种地球投影方法，该方法是圆柱投影的一种，见图 5–10。

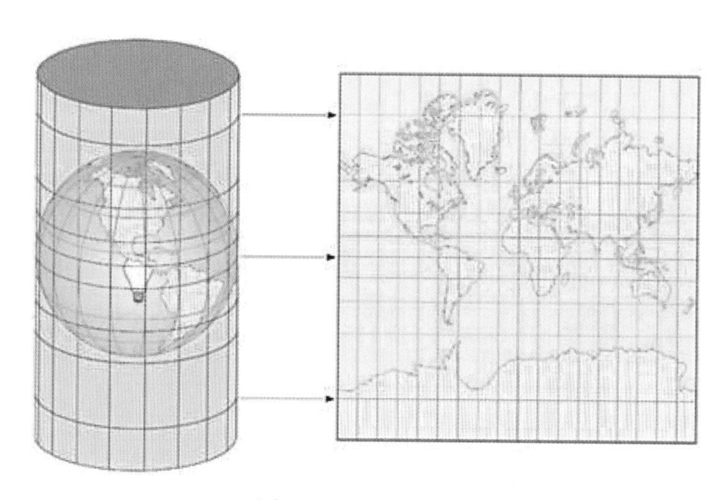

图 5–10　墨卡托投影

以高德地图瓦片坐标为例，与 Google Map、Open Street Map 相同，其墨卡托投影截取了纬度（约 85.05ºS，约 85.05ºN）之间部分的地球，使得投影后的平面地图水平方向和垂直方向长度相等。将墨卡托投影地图的左上角作为瓦片坐标系起点，往左方向为 X 轴，X 轴与北纬 85.05º 重合且方向向左；往下方向为 Y 轴，Y 轴与东经 180º（亦为西经 180º）重合且方向向下。瓦片坐标最小等级为 0 级，此时平面地图是一个像素为 256 × 256 的瓦片。在某一瓦片层级 Level 下，瓦片坐标的 X 轴和 Y 轴各有 2^{Level} 个瓦片编号，瓦片地图上的瓦片总数为 $2^{Level} \times 2^{Level}$，见图 5–11。

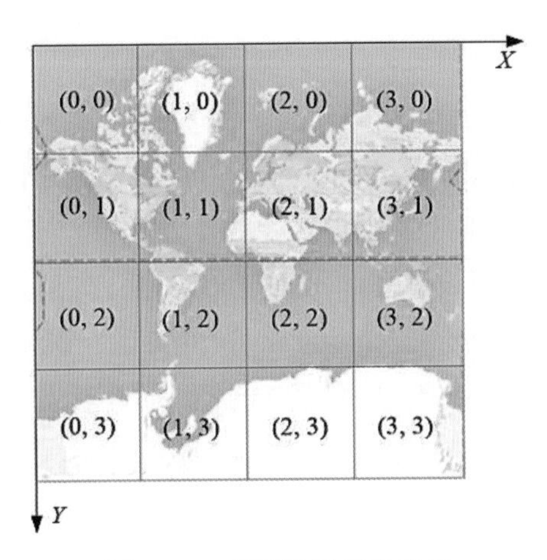

图 5-11　高德地图切片坐标

如图所示，此时 X 方向和 Y 方向各有 4 个瓦片编号，总瓦片数为 16，中国大概位于高德瓦片坐标的（3，1）中。

5.1.2.2 地理坐标与切片坐标的转换

在了解了相关矢量切片地图的投影及组织方式后，我们就需要实现地理坐标与切片坐标的相互转换，其原理和算法公式如下：

（1）转换原理。

以高德为例，所有的坐标转换都在某一瓦片等级下进行，不同瓦片等级下的转换结果不同，所有的经纬度坐标可以直接转换为瓦片坐标和瓦片像素坐标，并且，切片像素坐标需要结合其切片坐标才能得到该像素坐标的经纬度坐标，转换原理见图 5-12。

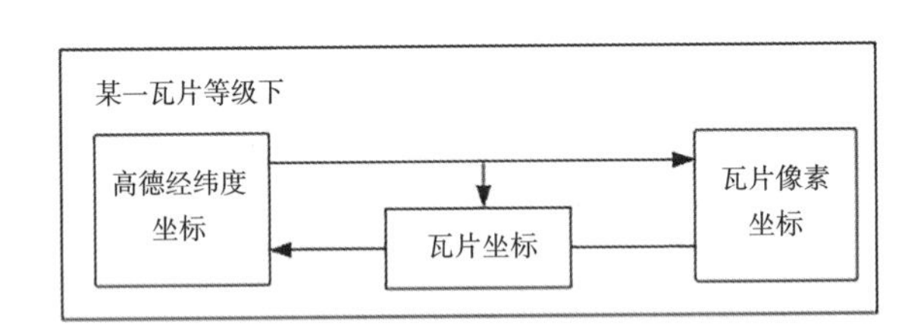

图 5-12　高德地图坐标转换原理

（2）转换公式。

坐标转换主要涉及地理坐标转切片坐标、地理坐标转屏幕像素坐标及切片坐标的像素坐标转地理坐标 3 种。

① 地理坐标（lng，lat）转切片坐标（tileX，tileY）。

$$\text{tile}X = \left\lfloor \frac{\text{lng} + 180}{360} \times 2^{\text{level}} \right\rfloor$$

$$\text{tile}Y = \left\lfloor \left(1 - \frac{\ln\left(\tan\left(\text{lat} \times \frac{\pi}{180}\right) + \sec\left(\text{lat} \times \frac{\pi}{180}\right)\right)}{2 \times \pi}\right) \times 2^{\text{level}} \right\rfloor$$

② 地理坐标（lng，lat）转像素坐标（pixel*X*，pixel*Y*）。

$$\text{pixel}X = \left\lfloor \frac{\text{lng} + 180}{360} \times 2^{\text{level}} \times 256\%256 + \frac{1}{2} \right\rfloor$$

$$\text{pixel}Y = \left\lfloor \left(1 - \frac{\ln\left(\tan(\text{lat} \times \pi/180) + \sec(\text{lat} \times \pi/180)\right)}{2 \times \pi}\right) \times 2^{\text{level}} \times 256\%256 + \frac{1}{2} \right\rfloor$$

③ 切片坐标（tile*X*，tile*Y*）的像素坐标（pixel*X*，pixel*Y*）转地理坐标（lng，lat）。

$$\text{lng} = \frac{\text{tile}X + \frac{\text{pixel}X}{256}}{2^{\text{level}}} \times 360 - 180$$

$$\text{lat} = \arctan\left(\sinh\left(\pi - 2 \times \pi \times \frac{\text{tile}Y + \frac{\text{pixel}Y}{256}}{2^{\text{level}}}\right)\right) \times \frac{180}{\pi}$$

5.1.2.3 矢量切片数据的获取途径及参数解析

仍然以高德矢量切片服务为例，其基础地址为“https：//vdata.amap.com/tiles”，在此地址的基础上，我们可以设置相关参数，如：mapType（地图类型）、style（地图样式）、flds（地图图层）、t（切片坐标）、lv（缩放级别）等，由于我们只想获取建/构筑物数据，因此我们只需要请求第 17 级的建筑物图层，即：https：//vdata.amap.com/tiles?mapType=normal&v=2&style=5&rd=2&flds=building&t=17，109257，53984&lv=17（以下简称“切片链接”），主要参数解释：

- mapType=normal：地图类型为矢量地图；
- v=2：切片规范版本为 2；
- style=5：地图样式为 5；
- flds=building：地图图层只包含 building（建筑物）；
- t=17，109257，53984：地图切片为第 17 级，tile*X*=109257，tile*Y*=53984；
- lv=17：地图缩放级别为第 17 级。

通过切片链接，我们就可以获取到矢量切片数据。高德矢量切片数据本质上是 GeoJSON 格式的一类变种，使用 Http GET 或者直接在浏览器中打开切片链接，即可查看高德矢量切片的数据结构格式的示例内容，见图 5-13。

{
"x-vd-v": "v5",
"tc": 1,
"tv": "1560346155",
"vdv": "1",
"mapType": "normal",
"bgc": "fffcf9f2",
"grid": 24
} [["17-109280-53961-building",
[
["YFISTdIHThITYJIQYFIS",
"YHTITjTsYGYKYEYGYHTI",
"UEIlTOOfTf!DUYOKUEIl",
"UIRQUHRQUKRTUIRQ",
"IhRQUURkUsTJOAROIlRUORRQIhRQ",
"T!RkTRTSTITQYJTSYHRkYlRIYhRQYfRQYDROYFRsTkRgTjRdTORhT!Rk",
"YlTQYWTYYYYAY!TlYUTsUSTYYlTQ",
"Rl!KRO!RRk!lTK!gRl!K",
"dETdsQYKsYYfdLYRdOYLdETd",
"sIYlsLUFsEURsTUWsYUTdWUDdRYldRYfdLYRsYYfsIYl",
"IOfdILfgIgfgIffOIOf!IOfd"],
"ccf4f3ec&1&4ccbcac0&ccd9d8ce&cccbcac0&150&99",
"buildings", 12, ["3-0", "4-5", "5-6", "10-0", "11-1"], null, "50001:1"
],
...
] |
元数据
矢量数据
属性数据

图 5–13 高德矢量切片数据格式示例

高德矢量数据结构格式解析：

- 元数据：切片描述性信息；
- 矢量数据：建筑物矢量数据编码数组；
- 属性数据：建筑物编号、楼层等属性信息。

另外，建筑物矢量编码数据解码后的结果还只是像素坐标，需要结合当前的切片坐标来转换成地理坐标，即为我们需要的建筑物面数据了。

5.1.2.4 基于矢量切片的建筑物数据批量获取

在以上研究的基础上，我们编写了基于矢量切片的建 / 构筑物数据批量获取的基本流程（伪代码），见图 5–14。

最终，我们获取了北京市总计约 33 万的建筑物矢量数据，如图 5–15 所示。

作为内业数据生产的参考数据，打下了良好的基础。

5.2 内业数据制作

内业建筑物矢量数据的制作包括资料收集、划分区域、数据采集与修改、数据处理、数据库建设、质量检查、成果验收与提交等过程，其主要流程见图 5–16。

```
1   import 'http';
2
3   //提取范围
4   const lnglatRange = [[minX,minY],[maxX,maxY]];
5   //矢量切片地址
6   const url = 'https://vdata.amap.com/tiles?mapType=normal&v=2&style=5&rd=2&flds=building&t=';
7   //提取级别
8   const lv = 17;
9
10  function main() {
11      //根据经纬度范围换算切片坐标范围
12      let tilesRange = getTilesRange(this.lnglatRange);
13      //循环请求范围内的切片数据
14      for (const x in tilesRange.xRange) {
15          for (const y in tilesRange.yRange) {
16              //每一个切片，组织切片URL
17              let requestUrl = this.url + this.lv + ',' + x + ',' + y + '&lv=' + this.lv;
18              //请求切片数据
19              http.get(requestUrl).then(response => {
20                  //解析切片数据
21                  let formatArray = response.content.split('|');
22                  let metaData = formatArray[0],//元数据
23                      encryptedSpatialData = formatArray[1],//加密矢量数据
24                      propertyData = formatArray[2];//属性数据
25                  //解密矢量数据
26                  let decryptedSpatialData = encryptedSpatialData.map((encryptedData) => {
27                      return getLngLatPolyByTileCode(encryptedData, x, y, this.lv);
28                  });
29                  //获取建筑高度
30                  let buildingHeight = parseInt(propertyData.split(',')[1]);
31                  //保存数据
32                  saveBuildingData(decryptedSpatialData, buildingHeight);
33              })
34          }
35      }
36  }
```

图 5-14　批量获取矢量切片建筑物数据伪代码

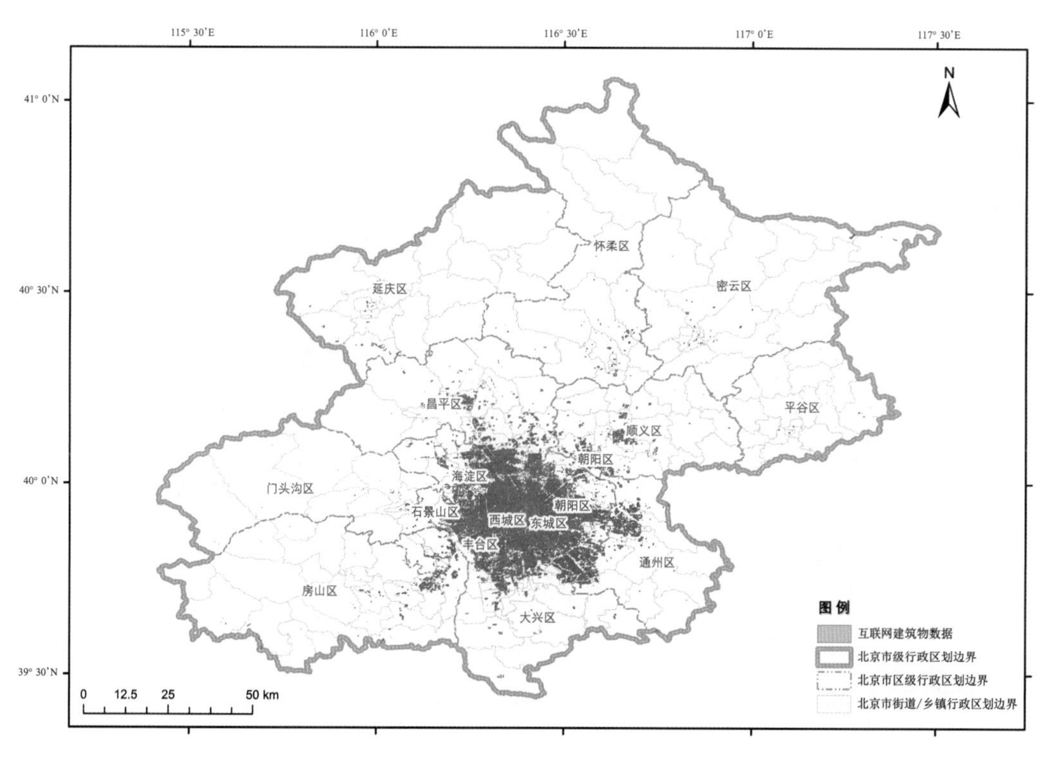

图 5-15　北京市基于互联网的建筑物矢量数据获取

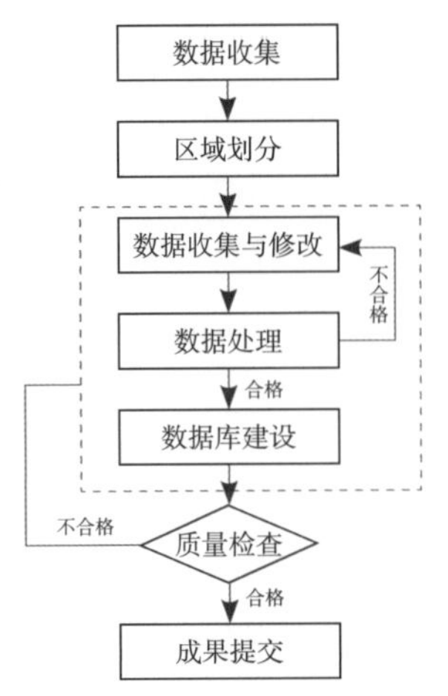

图 5-16　内业建筑物矢量数据制作流程图

5.2.1 内业底图编制

选取时效性好、分辨率高的影像数据融合生成北京市多源遥感影像专题底图（图 5-17），要求影像采集时间不低于 2017 年 12 月，影像分辨率不低于 0.8m。

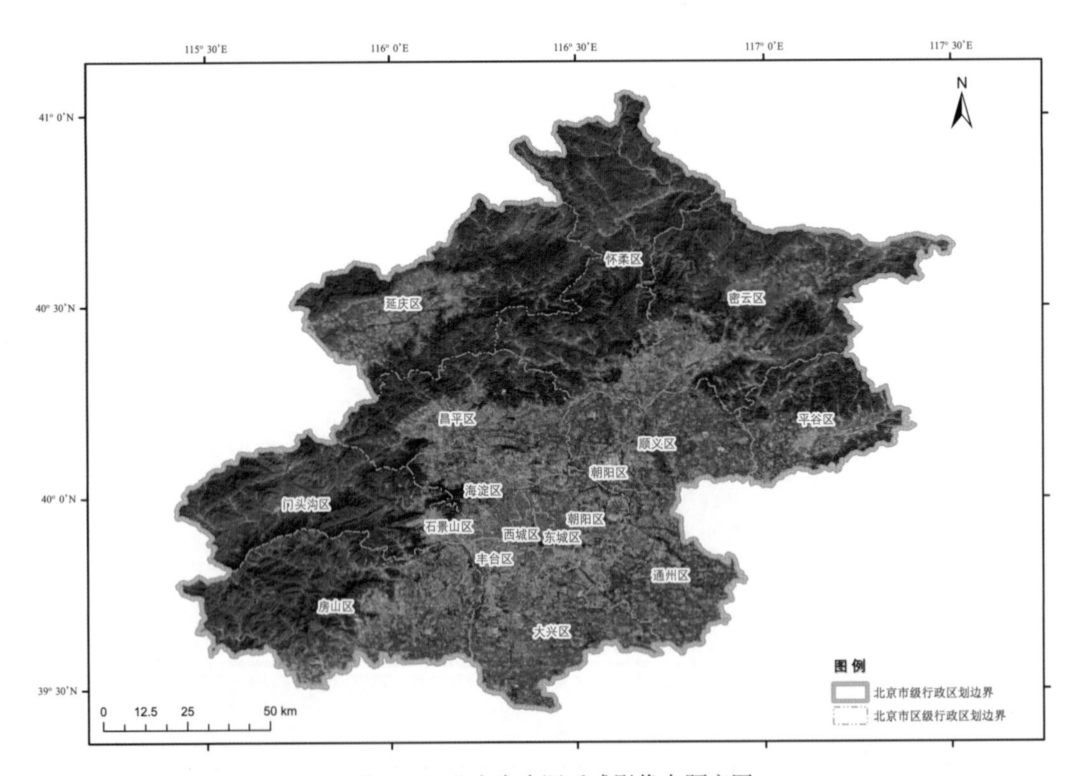

图 5-17　北京市多源遥感影像专题底图

由于原始遥感影像数据存在几何变形，我们还需要对原始的数据进行几何纠正。

5.2.1.1 遥感影像几何变形

原始获取的遥感影像一般存在几何变形，即遥感图像上各地物的几何位置、形状、尺寸、方位等特征与在参照系统中的表达要求不一致，即说明遥感图像发生了几何变形，遥感图像的总体变形是平移、缩放、旋转、偏扭、弯曲及其他变形综合作用的结果。造成遥感影像变形的原因主要有以下几点：

① 遥感器本身引起：因遥感器的结构、特性和工作方式引起的，如透镜的辐射和切线方向畸变、透镜的焦距误差、透镜的投影面不正交、图像的投影面不平、探测元件排列不整齐、采样速率不均匀、采样时刻有偏差、扫描镜的扫描速度变化；

② 外部因素引起：遥感平台位置和运动状态变化、地形起伏、地理表面曲率、大气折射、地理自转等；

③ 处理过程中引起：在影像数据的传输、复制、光学成像、数字采样过程中。

几何畸变可分为系统性畸变和随机性畸变两种类型。系统性畸变：是指畸变一般有一定的规律性，并且事先能够预测，如扫描镜的结构方式和扫描速度等；随机性畸变：是指不能事先预测其出现，带有随机性质的畸变，如地形起伏引起的像点位移。

5.2.1.2 遥感影像几何校正

遥感影像几何校正分为粗校正和精校正。几何粗校正：是针对引起畸变原因而进行的校正，这个畸变按照比较简单和相对固定的几何关系分布在图像中，校正时需将传感器原校准数据、遥感平台的位置以及卫星运行姿态等一系列测量数据代入理论校正公式即可，其主要校正系统畸变；几何精校正：是利用控制点进行几何校正，它利用畸变影像和参考影像之间的同名点来求得一种畸变模型进行几何校正。这种校正不考虑畸变的具体形成原因，只考虑如何利用畸变模型来校正遥感影像。

遥感图像几何校正就是将含有畸变的图像纳入到某种地图投影。对于地面覆盖范围不大的区域一般以正射投影方式使其改正到地球切平面上，校正的方法主要有以下几种：

① 多项式模型。

影像 +GCP（XY），此方法最简单，用来纠正平面变形，不考虑地面高差，适用于平坦地区，但是需要较多的控制点。

② 有理函数模型。

影像 +GCP（XYZ）+DEM+RPC，采用了多项式转换系数，RPC 是相机物理模型的模拟表示，利用了像方空间和物方空间之间的关系，同时考虑了地面高程信息，可用于正射校正。适用于地形高差变化地区，需适量控制点，通常用此模型纠正卫星影像。

③ 参数模型。

影像 +GCP（XYZ）+DEM，基于卫星轨道、摄影测量、测地学和地图学，模型反映了影像获取时的几何物理状态，用来纠正由于卫星、传感器、地球和地图投影引起的变形。需较少控制点，精度高。

5.2.1.3 遥感影像校正流程及方法

遥感影像的校正流程及方法见图 5–18、图 5–19。

- 资料准备。

校正需要的基础资料一般包含基准影像（用于获取 2D 坐标）、线划图（用于获取 2D 坐标）、控制点（用于获取 3D 坐标）、DEM 数据（用于获取 Z 坐标）及影像范围线。

- 影像配准融合。

融合的方法有多种，各有优缺点，所以我们在做影像融合的时候按需选择。主要有：HIS（通道交换）、HPF（高通滤波）、Gram-Schmidt（正交矩阵）、Pansharp（全色增强融合）、PCA（主成分分析法）、Wavelet（小波变换）、Multiplicative（乘积变化）、Brovey Transform（比值变换）等几种。

- 控制点的选择与编辑。

选择控制点时注意选在有特征的地方、均匀分布，优先选择在平缓田块交叉处、道路拐角或交叉口、桥两头、山顶裸露石头等地方，不要选在建筑物顶部（有较大投影差），同时不可选在汽车（可移动物体）上。需要的平面坐标从基准数据上获取，高程坐标从 DEM 上获取。

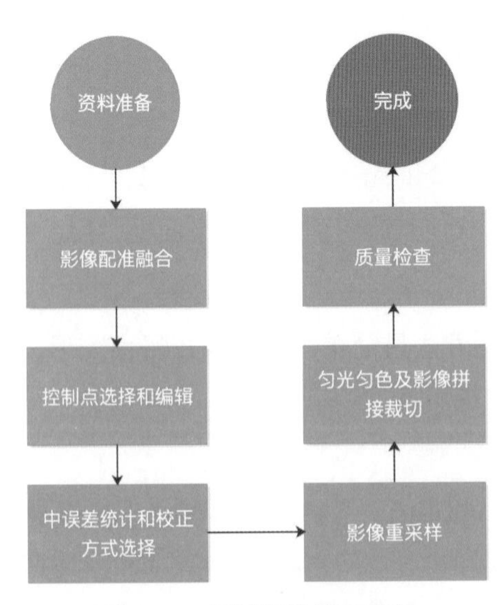

图 5–18　遥感影像校正流程

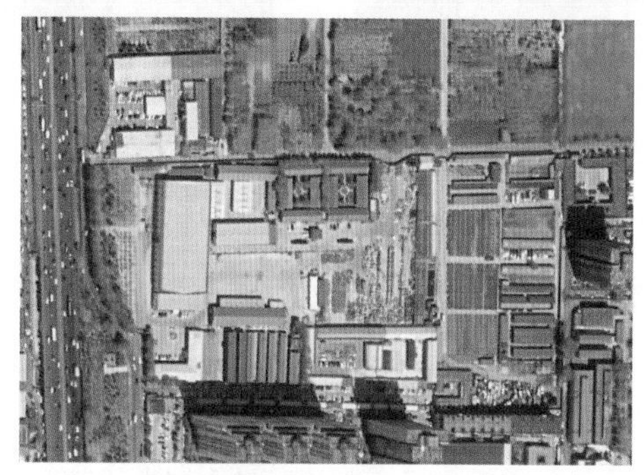

图 5–19　全色影像 + 多光谱影像融合后的影像

◉ 中误差统计和选择影像纠正方式。

控制点添加过程中可实时计算中误差、残差，评价所有控制点的中误差，选择最优几何模型，（一阶、二阶、三阶、样条、三角网等）多项式模型、有理函数模型或参数模型进行几何校正。如中误差超限，增加控制点或改变纠正模型。若满足项目精度要求，则数据纠正完成。否则需再次纠正，直至符合要求为止，一般待纠正影像 GCP 与基准影像上同名点中误差小于一个像素。

◉ 匀光匀色和影像拼接裁切。

拼接前先作匀光匀色，消除影像内晕光，减少拼接后相邻影像的色调差异。匀光方法有：自适应模板法、频率域匀光法、色彩自动调节法、小波低通滤波法；匀色方法有：均值方差匹配法、直方图匹配法、测区全局匹配法；设置羽化距离，使拼接更自然。也可用 PHOTOSHOP 插件导入纠正好的影像进行调色和拼接，拼接完成后，根据所需图幅的范围裁切。

◉ 影像重采样。

重采样常用 3 种方法：邻近点插值法（Nearest Neighbor）、双线性插值法（Bilinear Interpolation）、立方卷积插值法（Cubic convolution），通常我们采用双线性插值法进行重采样。

5.2.1.4 影像校正质量检查

按项目要求对成果质量进行评定。

- 影像精度检查。

成果影像和基准数据套合进行精度检查，线状地物对比平地、丘陵地一般不大于 2 个像素，山地、高山地一般不大于 4 个像素。超限处做好记号，添加控制点纠正至不超限为止。

- 接边检查。

影像接边处要柔和、自然，线状地物错位一般小于 2 个像素。

- 影像质量检查。

色调自然，无明显拼痕、错位，无明显拉伸、扭曲、模糊，无云遮挡等（图 5–20、图 5–21 对比）。

通过影像质量检查的统一分区，按照图幅编码进行组织，如图 5–22 所示。

图 5–20　匀光匀色前的影像

图 5–21　匀光匀色后的影像

图 5-22　内业底图影像组织方式质量检查统一分区图幅编码

5.2.2 内业任务划分

结合行政区划数据、路网数据，按照 1∶5000 标准分幅方式，生成内业生产底图（图 5-23）。

内业数据生产以图幅的方式下发（图 5-24），分幅图按照从左至右、从上至下的编码方式统一编码。

内业下发的每一个任务包含四景影像，除了当前处理的图幅（任务图幅）外，还包括右边图幅、下边的图幅及右下的图幅。对于处于分幅图边界上的数据，统一按照任务图幅右边压盖和下边压盖的内容，都属于本图幅处理内容来制作，这样就保证了数据处理不重不漏。

5.2.3 内业数据调绘

内业数据调绘的总体原则是建筑物均以房基最外边沿轮廓线为准采集，根据房屋形式不同、屋脊高低不一、屋脊前后不齐等因素，按照单幢房屋分别表示，原则上居民地详细采集，不综合取舍。

内业数据调绘需严格按照“数据分类编码标准”“内业数据制作规范”等的要求，生产的数据要符合相关拓扑检查标准，且不能与路网数据相交，用于正式生产的底图还需要加载路网数据，如图 5-25 所示。

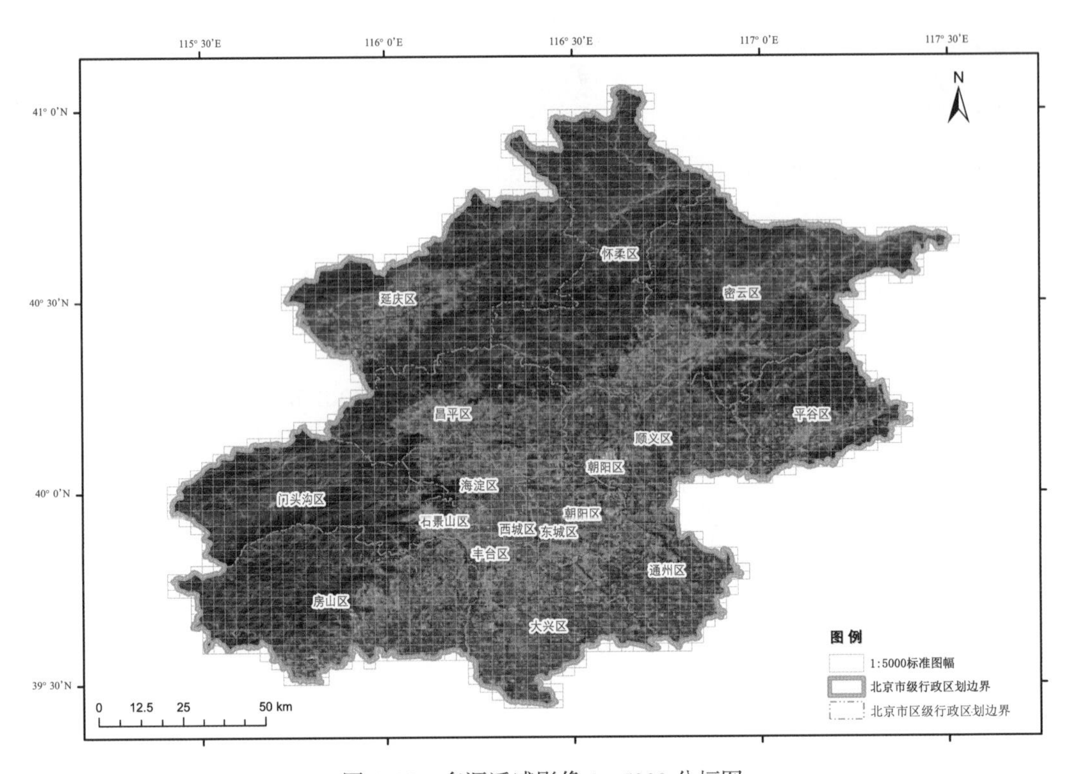

图 5-23　多源遥感影像 1∶5000 分幅图

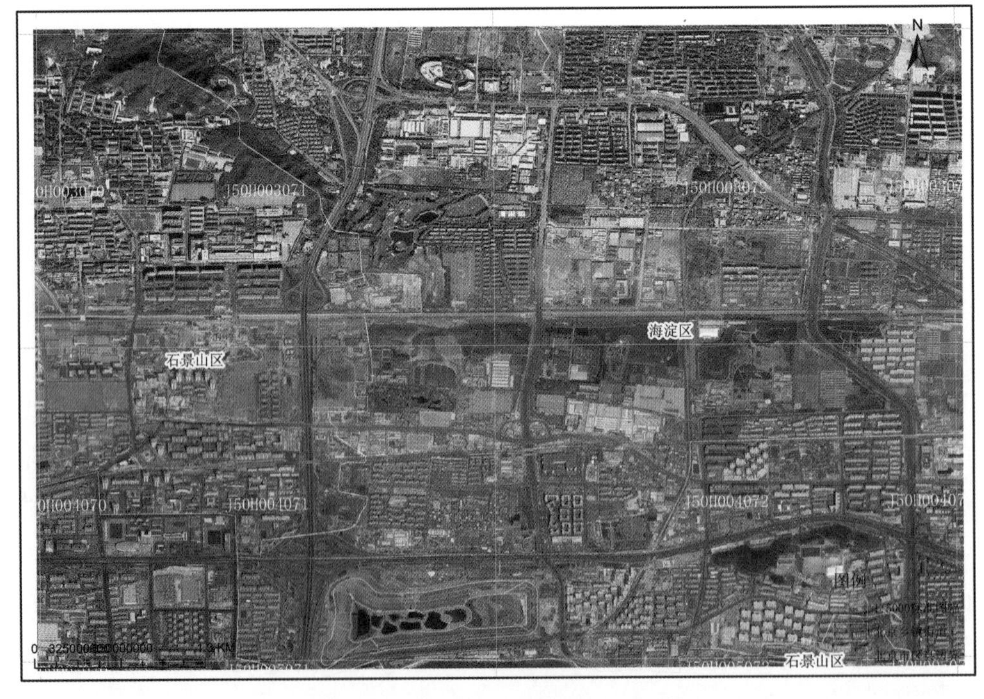

图 5-24　内业下发分幅图数据编码

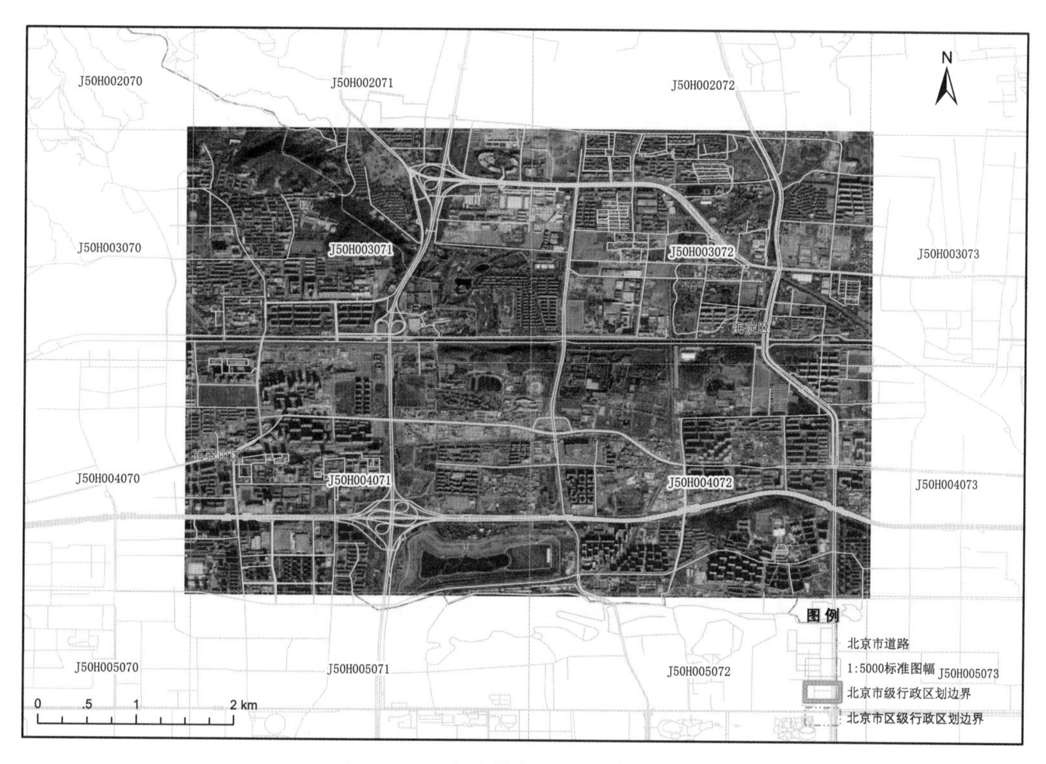

图 5-25　内业数据调绘生产用底图

内业数据生产的成果数据以 Shapefile 的形式提交，同样统一分区、按照图幅编码进行组织，见图 5-26。

图 5-26　内业数据调绘成果组织方式

5.2.4 内业数据质检

为保证内业数据处理成果的质量，需对内业调绘的成果数据进行必要的检查，检查内容包括数据完整性检查、数据范围检查、逻辑一致性检查、属性精度与规范性检查、重复性检查、接边检查及拓扑一致性检查等。

数据质检采用计算机自动检查、人机交互检查和人工检查相结合的方式，其主要步骤包括。

① 查漏补缺：主要针对图幅接边处及图幅内建筑物调绘不准确、多画、漏画的问题进行处理。

② 面融合及拓扑错误检查：利用拓扑工具自动查找出面相交、面套和的数据，进行融合及接边处理。利用属性过滤，查找面积小于 $10m^2$ 的“小面建筑”，与主体建筑进行融合。

③ 自相交处理：利用“Check Geometry”和“Repair Geometry”工具，解决面自相交的拓扑问题。

④ 属性检查：参照“内业数据制作规范”要求的成果属性表结构，检查属性信息的填写是否准确。

做好过程检查及最终检查记录，项目完成后应提交数据入库质量检查报告。

5.2.5 基于互联网数据的属性匹配

仅仅获取建 / 构筑物的轮廓矢量数据，对于数据的后期应用是远远不够的，我们还需要了解一栋建 / 构筑物的名称、建筑年代、结构类型、用途功能等基本信息。

目前能获取到这些信息的来源主要包括：

① 百度、高德地图的 POI 数据、AOI 数据；

② 房企数据：链家、焦点房产等。在获取这些数据的基础上，我们需要对原始数据进行相关清洗工作，以满足与建 / 构筑物矢量数据进行空间、属性匹配的要求，基本流程如下图 5–27 所示。

5.2.5.1 POI 数据结构分析

以高德地图 POI 数据为例，其包含了丰富的建筑物相关属性信息，访问任意 POI 链接，比如“https：//www.amap.com/detail/get/detail?id=B000A85DAB”，我们可以获取到如下结果（图 5–28）。

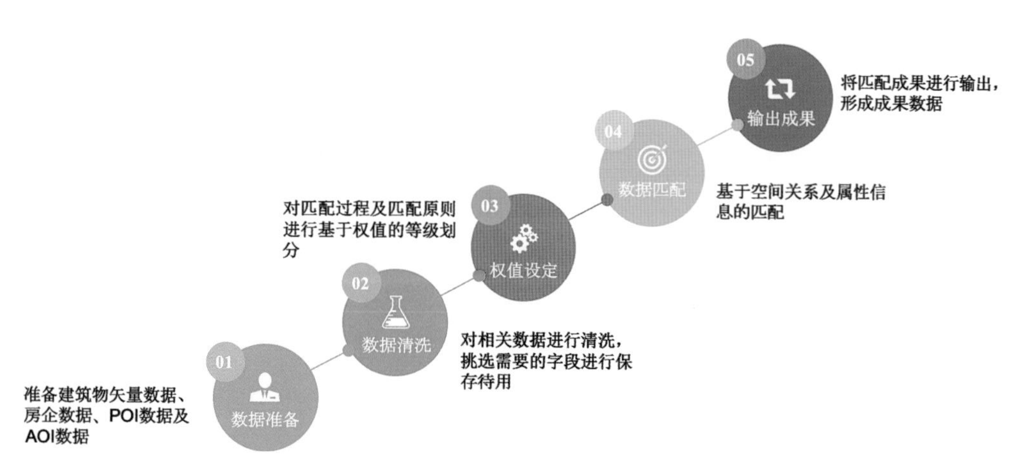

图 5–27　基于互联网数据属性匹配基本流程


```
▼base: {poi_tag: "", code: "110105", importance_vip_flag: 0, city_adcode: "110000",…}
   address: "北京市朝阳区曙光里甲6号院9号楼1层06室"
   bcs: "太阳宫村"
   brand_code: "031171092"
   brand_title: "小豆面馆"
   business: "dining"
   checked: "2"
   city_adcode: "110000"
   city_name: "北京市"
   classify: "中餐厅"
   code: "110105"
   cre_flag: 0
   distance: 0
   end_poi_extension: "2"
 ▶geodata: {aoi: [{name: "曙光西里", mainpoi: "B0FFF3C4Z4", area: 90497.457269},…]}
   importance_vip_flag: 0
   name: "小豆面馆(三元桥店)"
   navi_geometry: "116.448578,39.964315"
   new_keytype: "餐饮服务;中餐厅;中餐厅"
   new_type: "050100"
   picLen: 5
   pixelx: "221048285"
   pixely: "101659034"
   poi_tag: ""
   poi_tag_has_t_tag: 0
   poiid: "B000A85DAB"
 ▶shop_info: {claim: 0}
```


图 5–28　高德 POI 数据示例

通过梳理，我们总结了高德 POI 数据的主体结构，见图 5–29。

将 POI 数据与建 / 构筑物矢量数据进行空间匹配后，我们就可以获取到丰富的建筑物基本信息了。

```
data
|--base
|   |--address (POI地址)
|   |--business (用途分类)
|   |--city_adcode (城市编码)
|   |--city_name (城市名称)
|   |--classify (分类)
|   |--code (分类编码)
|   |--geodata (关联AOI数据)
|   |   |--aoi
|   |   |   |--area (AOI面积)
|   |   |   |--mainpoi (关联POI编号)
|   |   |   |--name (AOI名称)
|   |--name (POI名称)
|   |--navi_geometry (导航坐标)
|   |--new_keytype (分级分类)
|   |--new_type (分级分类编码)
|   |--poiid (POI编号)
|   |--tag (分级分类)
|   |--telephone (联系电话)
|   |--title (主分类)
|   |--x (POI经度)
|   |--y (POI纬度)
|   |--spec (特殊信息)
|   |   |--mining_shape (外接边矢量信息)
|   |   |   |--aoiid (关联AOI编号)
|   |   |   |--area (关联AOI面积)
|   |   |   |--center (关联AOI中心坐标)
|   |   |   |--shape (外接边矢量数据)
|   |--deep (深度信息)
|   |   |--area_total (建筑面积)
|   |   |--building_types (建筑结构)
|   |   |--checkin_data (入住时间)
|   |   |--comm_info (联系方式)
|   |   |   |--address (联系地址)
|   |   |   |--comm_type (联系人类型: 物业、街道办、居委会)
|   |   |   |--community (联系人名称)
|   |   |   |--tel (联系电话)
|   |   |--developer (开发商名称)
|   |   |--opening_data (开盘时间/建成时间)
|   |   |--intro (介绍)
|   |   |--property_company (物业公司名称)
```

图 5–29　高德 POI 数据主体结构

5.2.5.2 AOI 数据结构分析

POI 数据为点数据，在一个城市，我们以建筑物为单位，仍有大量的建筑物未被 POI 数据所覆盖，或者说大量的建筑物不具备地图厂商为其提取 POI 数据的价值，那么就需要 AOI 数据来做补充了。

高德 AOI 数据为兴趣面数据，在 AOI 面内，对于那些没有被 POI 数据所覆盖的建筑物，我们就可以对其填充 AOI 数据，比如：北京市地震局，其 AOI 链接为 https：//www.amap.com/detail/get/detail?id=B0FFFAHXZ1，其在地图上的效果如图 5–30 所示。

而此时，正好“北京市地震局”AOI 面里包含的 2 栋建筑物并无 POI 数据覆盖，那么我们就可以将“北京市地震局”的 AOI 数据填充到这 2 栋建筑物的属性中去，对整个属性信息匹配是很好的补充。

高德 AOI 数据的数据结构与 POI 数据相同，这里就不再赘述了。

5.2.5.3 房企数据结构分析

房企数据以我爱我家、链家等以租 / 售房屋为主体业务的平台其掌握的数据最为全面，以链家平台提供的数据为例，比如我们在链家平台上查询“西屋国际”这个小区的数据，其结果如图 5-31 所示。

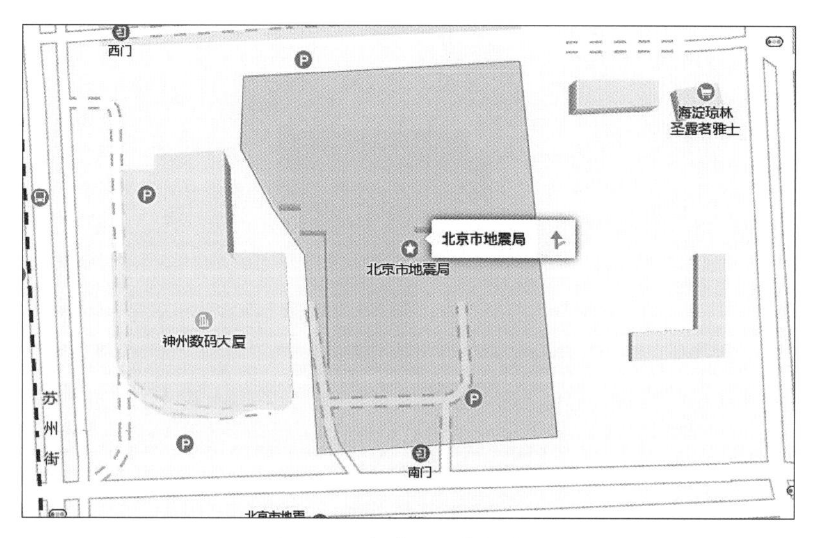

图 5-30　高德 AOI 数据截图

图 5-31　链家平台“西屋国际”房企数据截图

房企数据多以小区、商务写字楼、商圈的形式来组织，为点数据，极少以单栋建筑物的形式组织，所以房企数据只能与 AOI 数据进行匹配，以补充 AOI 数据里缺失的属性信息，房企数据主体结构见图 5-32。

5.2.5.4 数据清洗与转换

对于我们获取到的 POI 数据、AOI 数据及房企数据，我们首先要对其进行数据清洗操作，主要包括：①剔除不需要的属性；②数据类型转换（如字符串转数字等）；③空间数据坐标转换（主要是高德 GCJ_02 坐标系转 Web 墨卡托坐标系）。数据清洗后的表结构见表 5-1。

表 5-1 数据清洗后表结构

数据分类	字段名称	字段类型
POI 数据	POI 编号	String
	名称	String
	详细地址	String
	分级分类	String
	分级分类编码	String
	权重	Number
	联系电话	String
	建筑结构	String
	地上层数	Number
	地下层数	Number
	建筑年代	DateTime
	建设单位	String
	是否有银行	Boolean
	是否有加油站 / 加气站	Boolean
	关联 AOI 编号	String
	Geometry	Point
AOI 数据	AOI 编号	String
	名称	String
	详细地址	String
	分级分类	String
	分级分类编码	String
	联系电话	String
	楼栋数	Number
	总户数	Number
	建筑年代	DateTime
	建设单位	String
	物业公司	String
	物业联系电话	String
	街道办	String
	街道办联系电话	String
	居委会	String
	居委会联系电话	String
	Geometry	Polygon

续表

数据分类	字段名称	字段类型
房企数据	名称	String
	详细地址	String
	建筑年代	DateTime
	建筑结构类型	String
	物业公司	String
	开发商	String
	楼栋数	Number
	总户数	Number

```
data
|--建筑年代
|--建筑类型
|--物业公司
|--开发商
|--楼栋数
|--总户数
|--建筑名称
|--建筑地址
```

图 5-32　房企数据主体结构

数据清洗完成后即可开始数据转换工作了，数据转换主要包括以下几类主要的工作：

（1）数据格式转换：包括字符串转数字、字符串转日期等。

（2）分级分类数据权重划分：POI 数据需根据分级分类数据进行权重划分，以应对一个建 / 构筑物面内包含多条 POI 数据时数据的取舍问题，以高德 POI 数据为例，分级分类数据共有 23 种一级分类，219 种二级分类，869 种三级分类，我们对这些数据逐一进行了权重划分，如图 5-33 所示。

（3）地理坐标系转换：以高德为例，由于其采用 GCJ-02 火星坐标系，需对其 POI 数据、AOI 数据的空间数据进行坐标系转换。

（4）数据挖掘：有些 POI 数据的描述信息里包含了建筑物的楼层数、建筑年代等信息，通过正则表达式可以挖掘出来，如图 5-34 所示。

5.2.5.5 数据匹配流程

在完成数据获取、数据清洗及转换后，即可开始属性信息的匹配操作了，匹配步骤如下：

（1）AOI 数据与房企数据通过“名称”字段进行匹配，主要目的是为补充 AOI 数据相关属性。

序号	大类	小类	权重
1	地名地址信息	门牌信息	219
2		市中心	218
3		标志性建筑物	217
4	商务住宅	楼宇	216
5		住宅区	215
6		商务住宅相关	214
7		产业园区	213
8	住宿服务	宾馆酒店	212
9		旅馆招待所	211
10	医疗保健服务	综合医院	210
11		专科医院	209
12		急救中心	208
13		疾病预防机构	207
14		医药保健销售店	206
15		动物医疗场所	205
16	科教文化服务	学校	204
17		科研机构	203
18		博物馆	202
19		展览馆	201
20		美术馆	200
21		图书馆	199
22		科技馆	198
23		天文馆	197
24		档案馆	196
25		传媒机构	195

图 5-33　高德 POI 数据分级分类权重划分

王,其与园区内其它建筑之间在视觉、心理、空间和时间的沿承连续性,形成可分可合的灵活格局,既可以共享成熟社区生活,又可以独尊上游阶层之格调生境。【丰和园】总建筑面积15000平方米,地上28层,地下2层,为整个园区第一视觉焦点,可俯瞰公园叠翠,眺望城市繁华。其整体设计充分应用了中国塔的概念,匠心独具的360度圆筒观景塔楼形态,可以最大程度地采光、通风、观景;同时从纵向上对体量进行提升,达到"与天地共

图 5-34　POI 数据挖掘

（2）AOI 数据与建筑物数据进行空间包含关系的空间匹配，匹配到的数据填充 AOI 的部分属性信息。

（3）建筑物数据与 POI 数据进行空间包含关系的空间匹配，并对匹配到的 POI 数据按照 POI 权重值进行排序取舍，最后再与第二步已填充的数据做权重、类型判断，做取舍后填充相关属性信息。

对以上步骤进行封装的基础上，我们构建了全自动数据匹配工具，可对原始建 / 构筑物数据进行批量处理，并输出处理结果数据，见图 5-35 所示。

最终，输出的成果数据见图 5-36。

```
poiMatch — -bash — 80×24
处理数据第 11960条，结果AOI: 无数据
处理数据第 11961条，结果POI: 匹配到2条数据
处理数据第 11961条，结果AOI: 无数据
处理数据第 11962条，结果POI: 匹配到2条数据
处理数据第 11962条，结果AOI: 匹配到2条数据
处理数据第 11963条，结果POI: 无数据
处理数据第 11963条，结果AOI: 匹配到1条数据
处理数据第 11964条，结果POI: 匹配到1条数据
处理数据第 11964条，结果AOI: 匹配到1条数据
处理数据第 11965条，结果POI: 无数据
处理数据第 11965条，结果AOI: 匹配到1条数据
处理数据第 11966条，结果POI: 无数据
处理数据第 11966条，结果AOI: 匹配到1条数据
处理数据第 11967条，结果POI: 无数据
处理数据第 11967条，结果AOI: 匹配到1条数据
处理数据第 11968条，结果POI: 无数据
处理数据第 11968条，结果AOI: 匹配到1条数据
处理数据第 11969条，结果POI: 无数据
处理数据第 11969条，结果AOI: 匹配到1条数据
处理数据第 11970条，结果POI: 无数据
处理数据第 11970条，结果AOI: 匹配到1条数据
处理数据第 11971条，结果POI: 无数据
处理数据第 11971条，结果AOI: 匹配到1条数据
处理数据第 11972条，结果POI: 无数据
```

图 5–35　建 / 构筑物数据批量匹配的输出结果

建筑编号	建筑名称	建造年代	建筑高度	层数(上/下)	结构类型	用途与功能	详细地址
110108023000097100...	天下第一泉饮料厂	1970年01月01日		2/0	钢混		北京市海淀区玉泉山路第二皮鞋厂附近
110108023000097100...	天下第一泉饮料厂	1970年01月01日		2/0	钢混		北京市海淀区玉泉山路第二皮鞋厂附近
110108023000097100...	第二皮鞋厂	1970年01月01日		2/0	钢混		北京市海淀区玉泉山路西50米
110108023000097100...	天下第一泉饮料厂	1970年01月01日		2/0	钢混		北京市海淀区玉泉山路第二皮鞋厂附近
110108023000097100...	天下第一泉饮料厂	1970年01月01日		2/0	钢混		北京市海淀区玉泉山路第二皮鞋厂附近
110108023000097100...	第二皮鞋厂	1970年01月01日		2/0	钢混		玉泉山路西50米

图 5–36　全自动数据匹配工具输出的成果数据截图

5.2.6 内业数据成果

在经过数据调绘、质量检查和属性匹配后，最终形成的用于入库的内业成果数据表结构如下所示：

表 5–2　用于入库的内业成果数据表结构

字段名	字段别名	字段类型
BUILDID	建筑物编号	String
NAME	建筑物名称	String
UFLOOR	地上层数	Number
DFLOOR	地下层数	Number

续表

字段名	字段别名	字段类型
ADDRESS	详细地址	String
PCODE	邮编	String
BUILDTIME	建筑年代	DateTime
STRUCT	结构类型	String
USAGE	建筑用途	String
DEVELOPER	建设单位	String
SCENIC	是否文物保护单位	Boolean
GRIDID	所属图幅编号	String
HASBANK	是否存在银行机构	Boolean
HASGAS	是否存在加油 / 气站	Boolean
AOI	关联的 AOI 编号	String
KEY	分类标签	String
Shape	图幅范围	Polygon

第 6 章

一体化数据中心建设

一体化数据中心是建筑物抗震性能普查平台的重要组成部分之一，主要用于存储和管理本次普查的相关数据，数据库以非关系型数据库 MongoDB 为平台支撑，配合数据库管理系统，实现数据分块、分层、分要素、分类型的集成化管理，支持平台数据的维护、更新、分发和应用。平台数据库总体技术路线图见图 6–1。

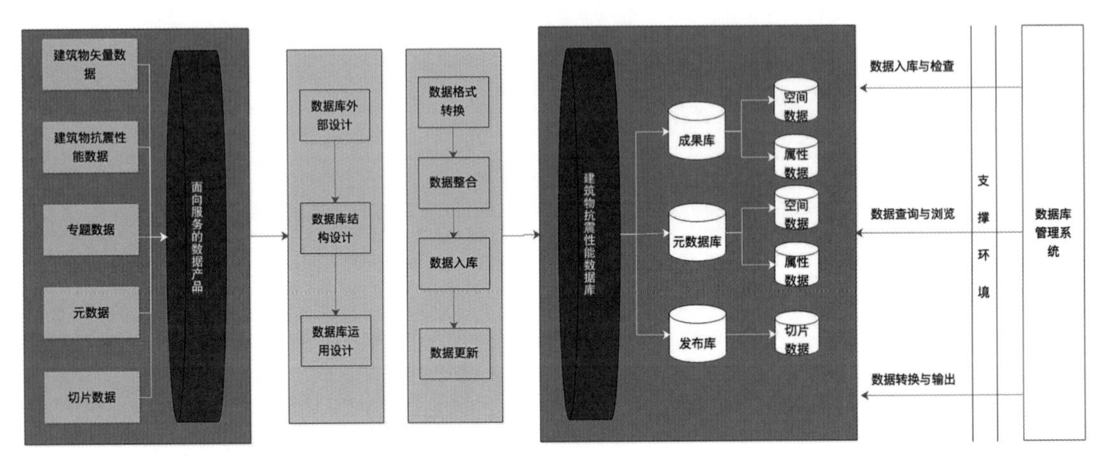

图 6–1　一体化数据中心数据库总体技术路线图

6.1 整体架构

一体化数据中心整体架构系统采用 5 层架构模式，分为支撑层、数据层、逻辑层、应用层和用户层，总体架构图见图 6–2。

支撑层：支撑整个系统的软硬件和网络环境。

数据层：是整个数据库系统的数据资源，提供数据的存储和管理能力。

逻辑层：包括坐标转换、数据质检、数据更新等，逻辑层是系统的核心，是构成应用的基础；

应用层：是面向用户的系统，实现数据质检、数据入库、数据查询、下载等功能。

用户层：根据用户权限，使用系统。

6.1.1 技术路线

一体化数据中心整体技术路线如下：

① 采用 B/S 架构进行系统开发。

② 按照行业各项技术规定组织数据内容，建立数据结构模型。

③ 基于成熟的对象关系型空间数据库引擎，实现市县各种数据一体化无缝建库、管理。

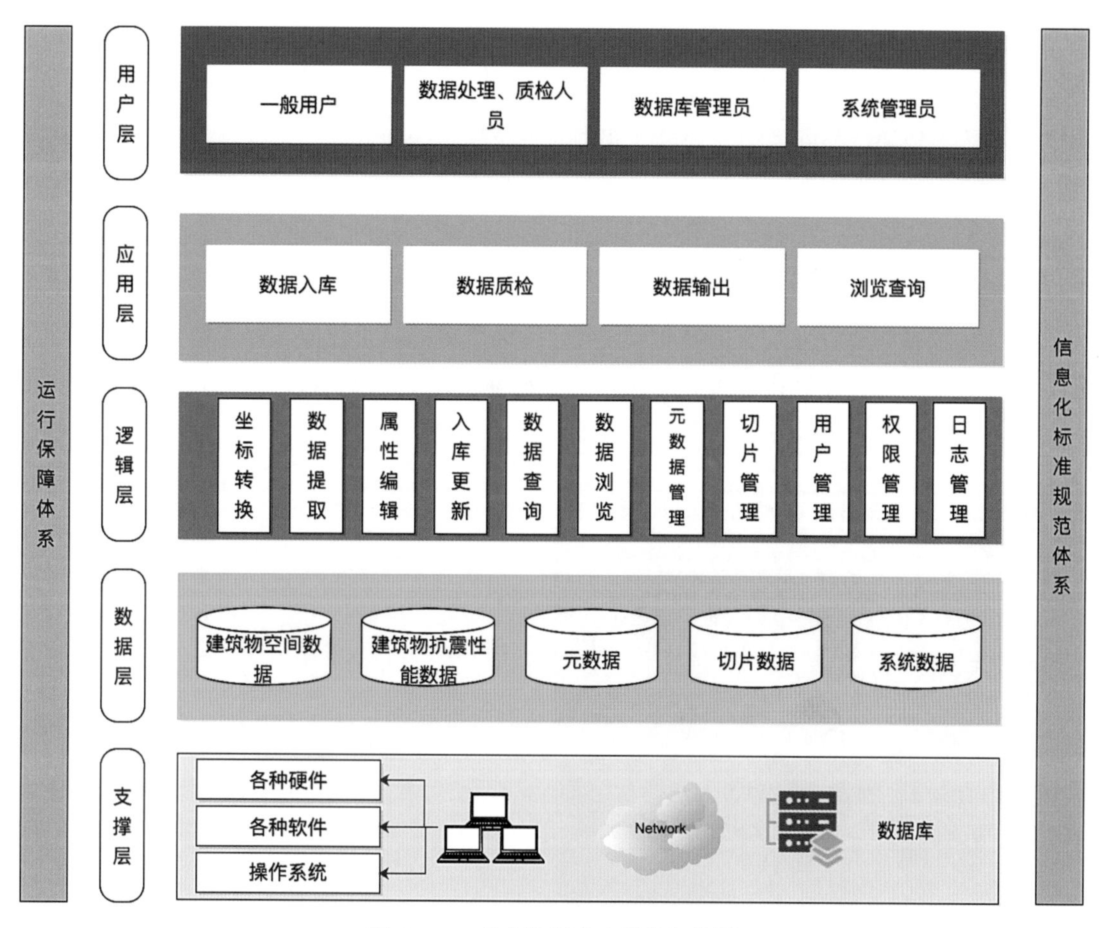

图 6–2　一体化数据中心整体架构图

④ 依据数据检查验收与质量评定相关规定的要求完成质量检查。

⑤ 采用面向对象的设计思想，在需求分析抽象的基础上，进行软件功能组件的设计。

⑥ 采用索引和分块技术，提高数据访问速度。

6.1.2 系统构成

为满足数据管理的要求，数据库管理系统划分为数据质检、入库更新、数据输出、查询浏览和配置管理 5 大模块。

数据质检模块：该模块实现对矢量数据、元数据以及属性数据等相关数据的检查。

数据入库更新模块：该模块实现对建筑物矢量数据、抗震性能数据、元数据等数据的入库管理与数据更新。

数据输出模块：依据设置的提取范围，裁切输出指定的矢量数据。

查询浏览模块：实现对数据库数据的查询和数据的浏览。通过元数据查询、空间查询等方式，实现对感兴趣数据的查询；通过数据浏览功能，实现对数据库中各类数据的浏览。

系统管理模块：面向系统管理员，实现对系统的维护和管理。包括存储管理、权限管理、配置管理、日志管理、备份恢复等功能。

6.2 数据中心管理系统

一体化数据中心管理系统主要实现对市 / 区级建筑物空间数据、普查数据、元数据的综合高效管理。能够提供数据质量检查、数据入库、数据更新、数据提取、数据审核、统计分析等功能。系统登录界面见图 6–3 所示。

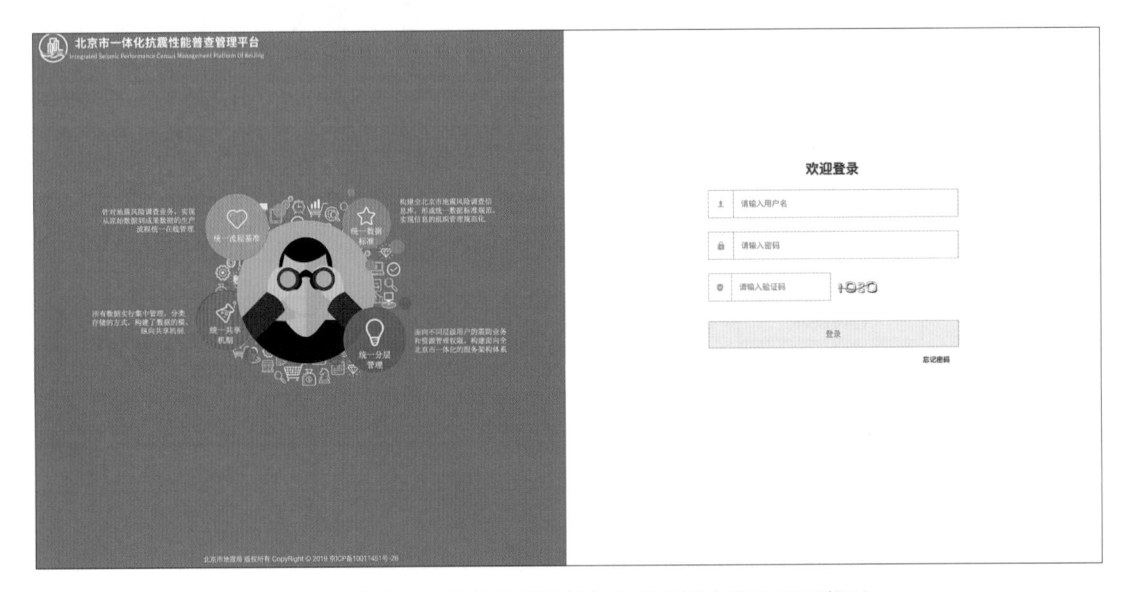

图 6–3　北京市一体化抗震性能普查管理平台登录界面截图

6.2.1 数据统计

数据统计模块主要实现对抗震性能普查成果数据统计和图表分析，支持包括已入库图幅总数、已入库建筑物总数、已采集信息总数的统计以及已采集数据的建筑年代统计、建筑用途统计、建筑物类型统计等内容，图 6–4 所示。

6.2.2 数据质检

数据质检模块依据数据检查验收与质量评定相关规定的要求对汇交数据进行质量检查，以确保数据符合规范要求，并按照数据入库的技术要求，开展入库前的内容属性、拓扑和相互关系合理性检查，确保每一条记录能够按照数据库模式的要求完整入库。

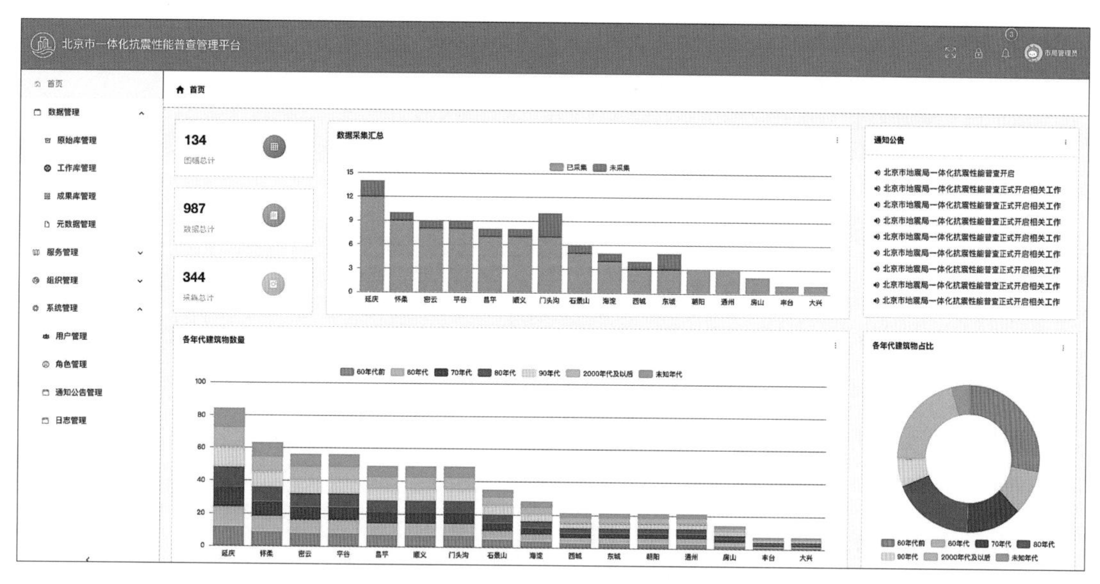

图 6–4　北京市一体化抗震性能普查管理平台数据统计模块界面截图

6.2.2.1 矢量数据检查

矢量数据检查内容包括：

① 基本检查。检查空间参考信息、图层、结构是否符合规定要求，检查字段内容填写是否符合标准要求、是否在值域范围内。

② 拓扑检查。检查是否存在常见的拓扑错误，如自相交、悬挂、缝隙、重叠等。

③ 完整性检查。检查属性信息是否完整。

④ 逻辑一致性检查。检查要素在图形上的一致性关系是否符合要求，如建筑物面不能与道路相交等。

6.2.2.2 元数据检查

元数据检查内容包括：

① 元数据定值检查。检查指定的元数据字段是否等于给定值。

② 元数据非空检查。检查指定的元数据字段是否为空值。

③ 元数据字段完整性检查。检查元数据文件中字段是否冗余、缺失，顺序是否一致。

④ 元数据枚举值域检查。检查元数据值是否在枚举值域范围内。

⑤ 元数据比例尺检查。检查元数据文件比例尺字段值是否和元数据文件名一致。

⑥ 元数据范围值域检查。检查元数据字段值是否在设定的范围值域内。

⑦ 元数据属性值长度检查。检查字段值长度是否超过限制。

⑧ 元数据项错漏检查。检查元数据项是否缺失、多余。

⑨ 元数据经纬度范围检查。根据图号检查元数据经纬度字段值是否一致。

⑩ 元数据数值类型检查。检查元数据数值类型是否和设置的一致。

6.2.3 原始库管理

以区域为依据进行原始库数据组织，实现批量快速内业成果数据的入库，主要包括按图幅组织的 Shape File 的批量快速入库。入库时系统会对入库范围内的数据进行检测，如果在现势库中已经存在当前范围数据，则先把当前数据转存到历史库中，然后将更新数据入现势库；如果现势库中不存在当前范围数据，则直接将其存入到现势库中（图 6–5、图 6–6）。

6.2.3.1 内业成果数据入库

建筑物内业成果数据入库提供建筑物空间数据的快速批量入库和更新。入库前会对数据进行质检，只有通过质检的数据才能入库，以确保入库数据的正确性。入库过程中会记录详细的入库更新日志，便于查看入库更新情况。

数据入库的文件格式为 zip 文件，文件需以数据所属图幅编号来命名，入库的过程分为 5 步：①压缩文件上传；②数据解压缩；③数据格式转换（Shapefile 转 GeoJSON）；④数据入库；⑤更新元数据。数据入库后，可在系统中查看入库数据的空间分布（图 6–7）及属性信息（图 6–8）。

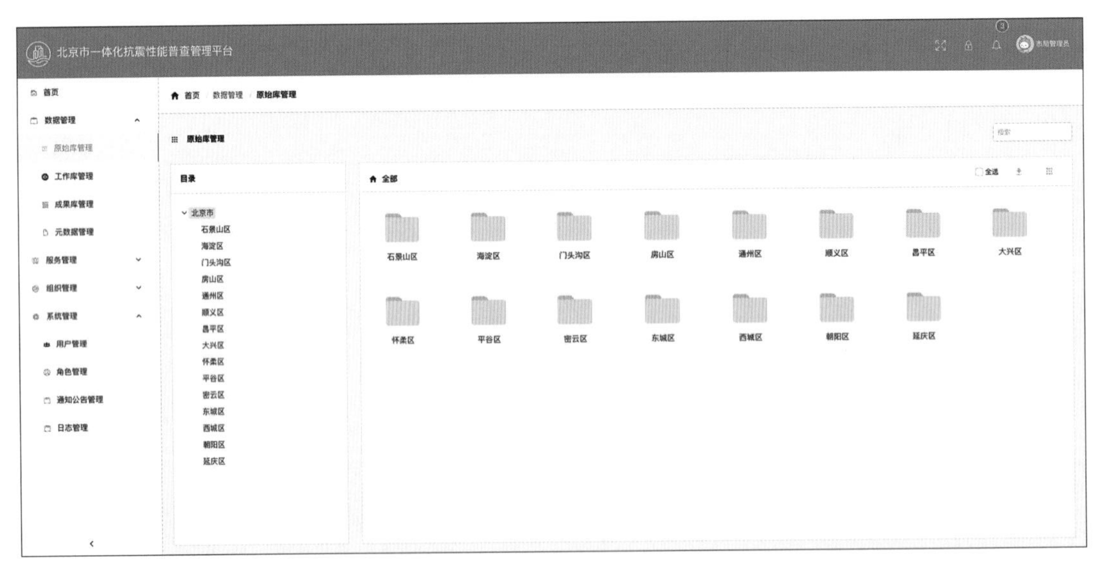

图 6–5　北京市一体化抗震性能普查管理平台原始库管理——文件夹方式

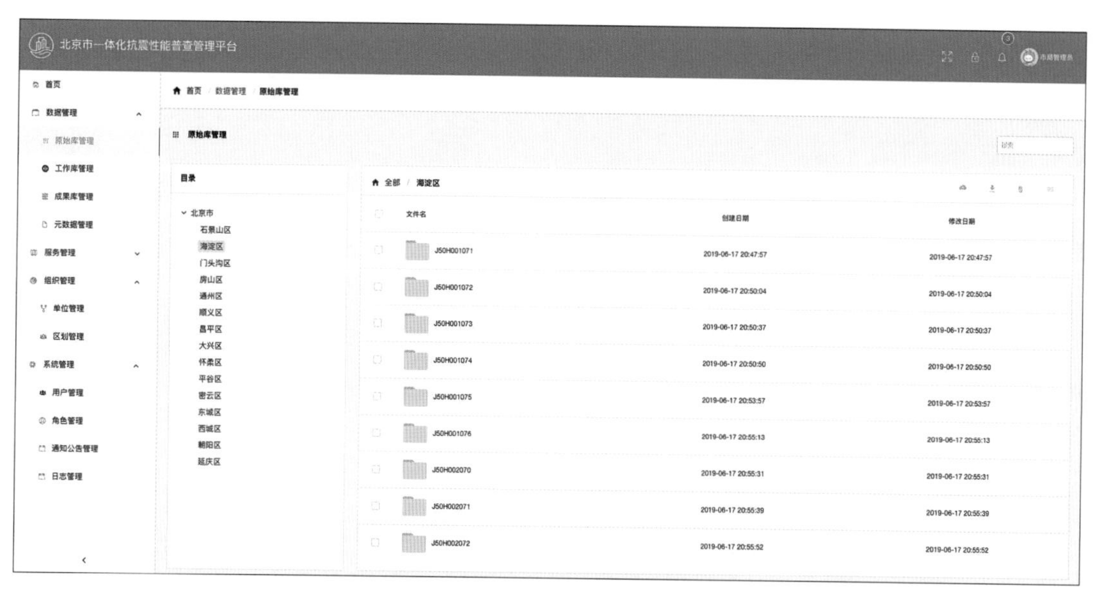

图 6–6　北京市一体化抗震性能普查管理平台原始库管理——列表方式

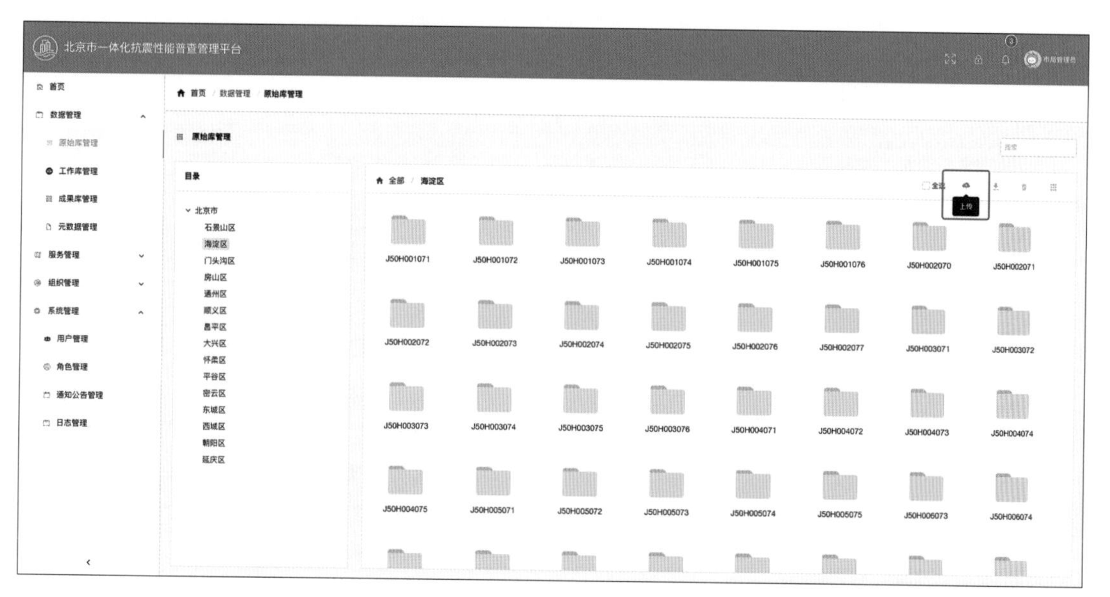

图 6–7　北京市一体化抗震性能普查管理平台内业成果数据入库

6.2.3.2 数据输出及下载

数据输出模块提供设置多种提取范围功能，提供范围绘制（矩形、多边形等）、选择要素范围、指定标准图幅 / 行政区范围和导入范围多种方式设置输出范围（图 6–9），支持数据库中各类数据的提取，用于数据交换。矢量数据主要以 shp、geojson 格式交换。

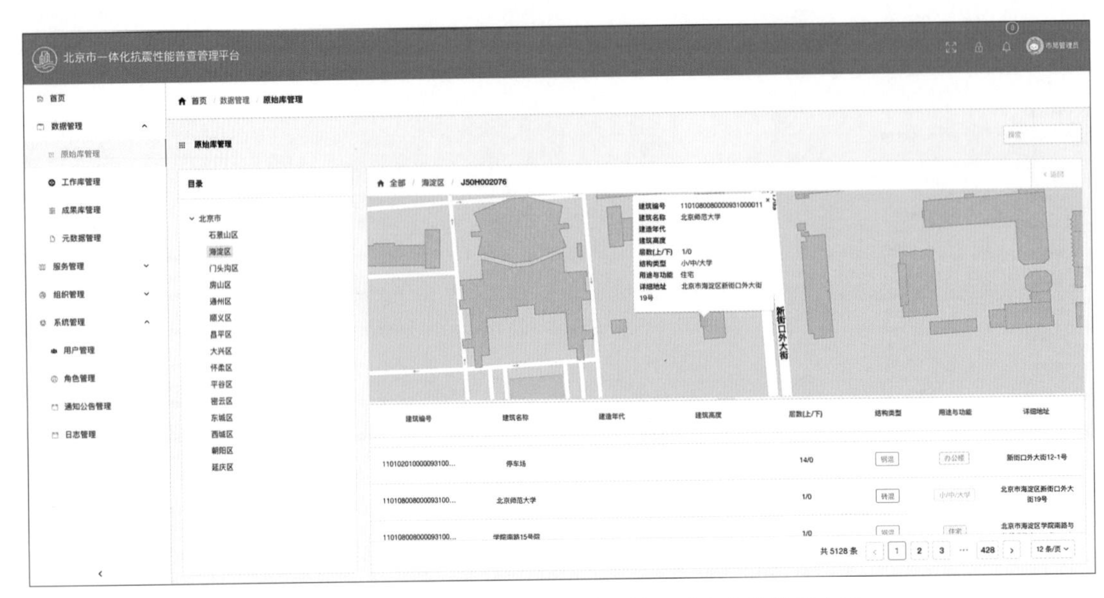

图 6–8　北京市一体化抗震性能普查管理平台入库数据查看

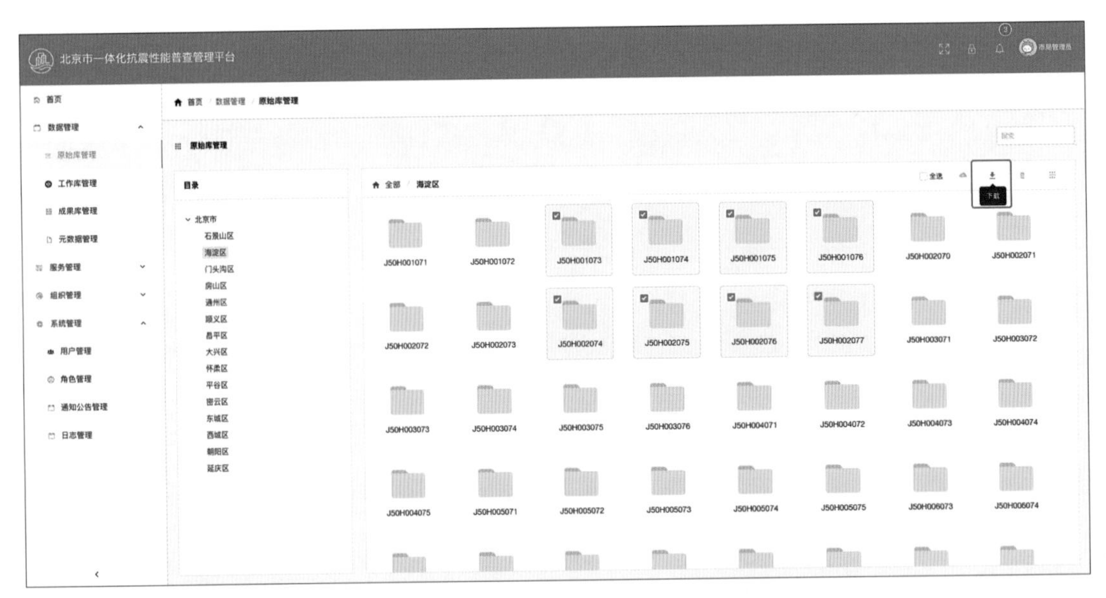

图 6–9　北京市一体化抗震性能普查管理平台数据输出及下载

6.2.4 工作库管理

工作库是外业数据采集的操作库，采集人员在工作库的数据上进行建筑物抗震性能数据的采集、更新，审核人员在工作库的数据上进行建筑物抗震性能数据的审核，审核通过的数据将入到成果库。

工作库的数据分为正常提交数据及上报的异常数据，对于建筑物矢量数据与实地不符等情况，采集员可将该数据作为异常数据上报服务器，正常数据和上报数据都需要通过审核人员的审核才可归档入库。对于审核不通过的数据，将会返给采集员进行重新采集。

工作库的数据按照数据所属行政区划来组织，可按市、区、乡镇 / 街道、社区 / 村 4 级来进行数据权限及审核权限的管理，见图 6–10。

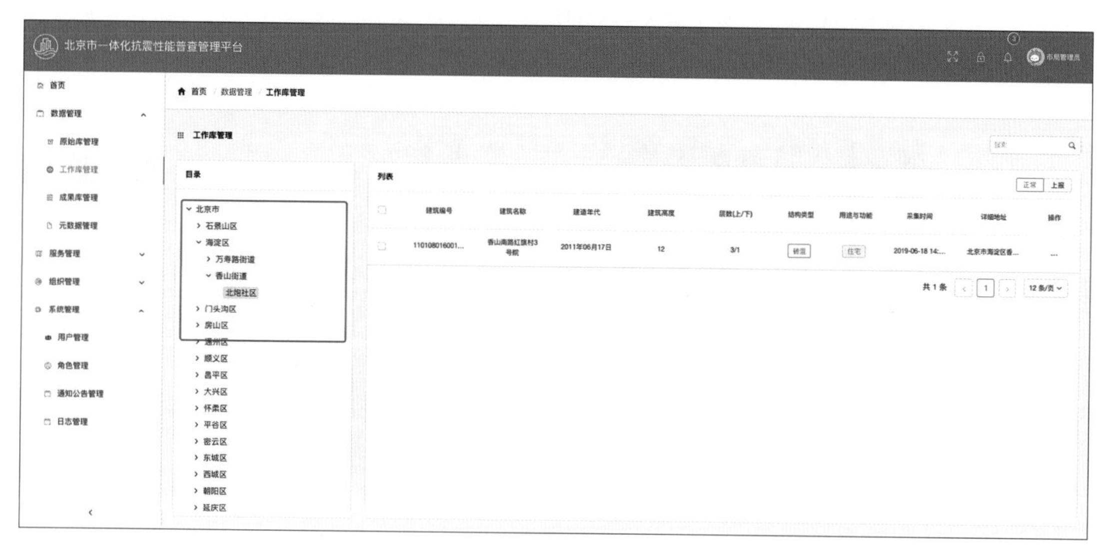

图 6–10　工作库数据各行政区划界面

也就是说市级审核人员可以审核全市的采集数据，而区级审核人员只能审核本区的采集数据。按照这种组织方式，审核及管理的权限甚至可以下探到社区 / 村一级管理员，这样既满足了一体化管理的需求，又实现了普查任务的按需分配。

6.2.4.1 采集数据单条审核

采集数据的审核支持单条审核，鼠标悬停在工作库列表待审核数据行的“操作”栏上，系统将自动弹出“审核”菜单项，单击该菜单项即可进入采集数据详情页面，查看该条数据的详细信息，见图 6–11。

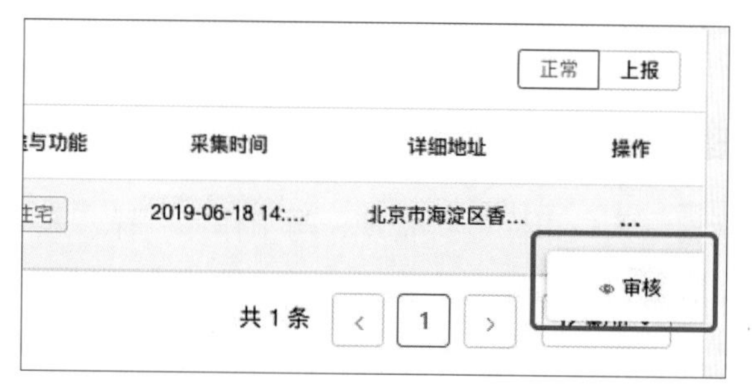

图 6–11　北京市一体化抗震性能普查管理平台采集数据菜单界面——“审核”截图

采集数据的详情模块包括：

（1）采集数据的位置信息：以地图的形式展示被采集建筑物的位置信息，方便审核人员了解采集数据的位置。同时，通过影像底图审核人员还可对采集建筑物的结构形式、楼层情况等做一个直观的判断，辅助采集数据的审核工作，见图 6–12。

图 6–12　北京市一体化抗震性能普查管理平台采集数据详情界面——“位置信息”截图

（2）采集信息：即建筑物抗震性能指标数据，由外业采集人员按照采集表单填写而来，在组织上，我们把采集信息分成了 4 个部分：基本信息、建设信息、结构信息和其他信息，见图 6–13。

（3）附件信息：采集人员拍摄的建筑物照片数据。

6.2.4.2 采集数据批量审核

在工作库列表中同时选择多条记录或者全选时，系统将自动显示“批量审核”按钮，将鼠标悬停在该按钮上，即可在弹出菜单中选择审核“通过”或“不通过”，对选中的记录进行批量审核操作，见图 6–14。

6.2.5 成果库管理

审核通过的采集数据归入成果库进行管理，与工作库一样，成果库的数据也分为正常提交数据及上报的异常数据，见图 6–15。

成果库数据是后续数据服务发布与共享的源数据，按照数据所属行政区划来组织，可按市、区、乡镇 / 街道、社区 / 村 4 级来进行数据权限及审核权限的管理。

图 6–13　北京市一体化抗震性能普查管理平台采集数据详情界面——“采集信息”截图

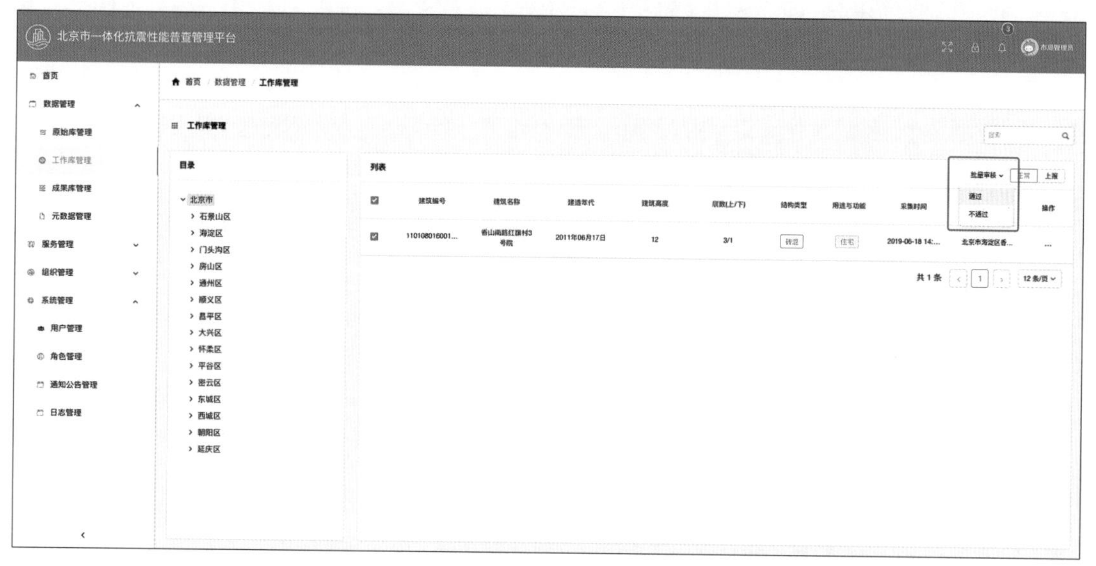

图 6–14　北京市一体化抗震性能普查管理平台采集数据批量审核界面

6.2.6 元数据管理

系统元数据与图幅数据挂接，无需人工干预，由系统后台自动维护，在数据入库、更新的过程中需要同步更新元数据信息，包括图幅内建筑物总数、更新时间、更新人员等信息，管理员可通过元数据管理模块查看系统元数据状态，见图 6–16。

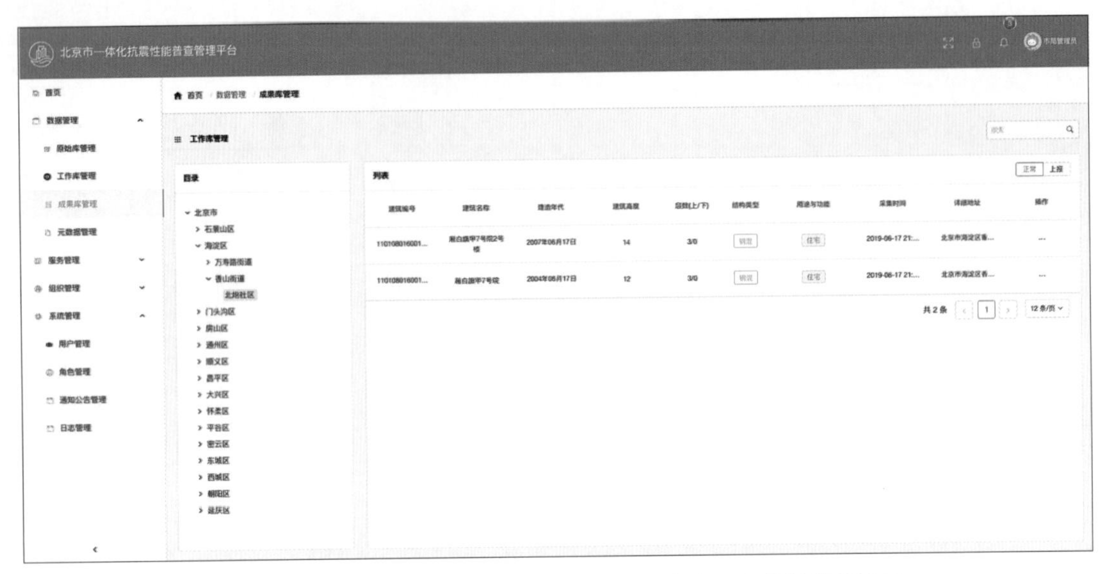

图 6–15　北京市一体化抗震性能普查管理平台成果库数据管理界面

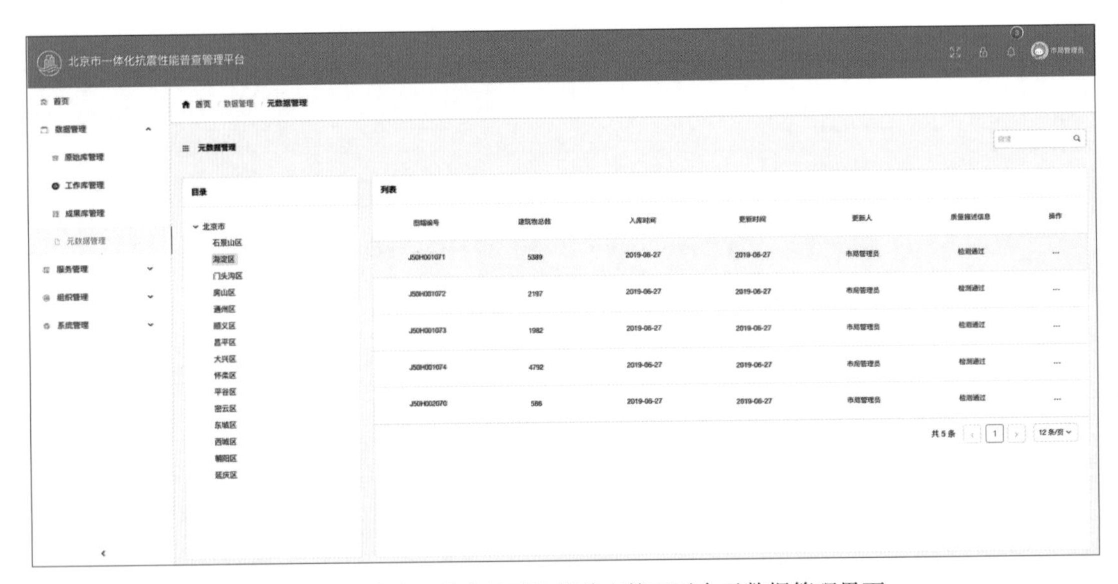

图 6–16　北京市一体化抗震性能普查管理平台元数据管理界面

6.2.7 系统管理

6.2.7.1 权限管理

权限管理模块（图 6–17）提供用户和角色管理功能。角色管理能够新增、删除和修改角色信息，包括角色名、角色拥有的系统操作权限等。用户管理能够新增、删除和修改用户信息，包括用户名、密码等，提供为不同用户按需分配角色，通过把功能角色分配给用户来实现对不同用户操作权限的控制。

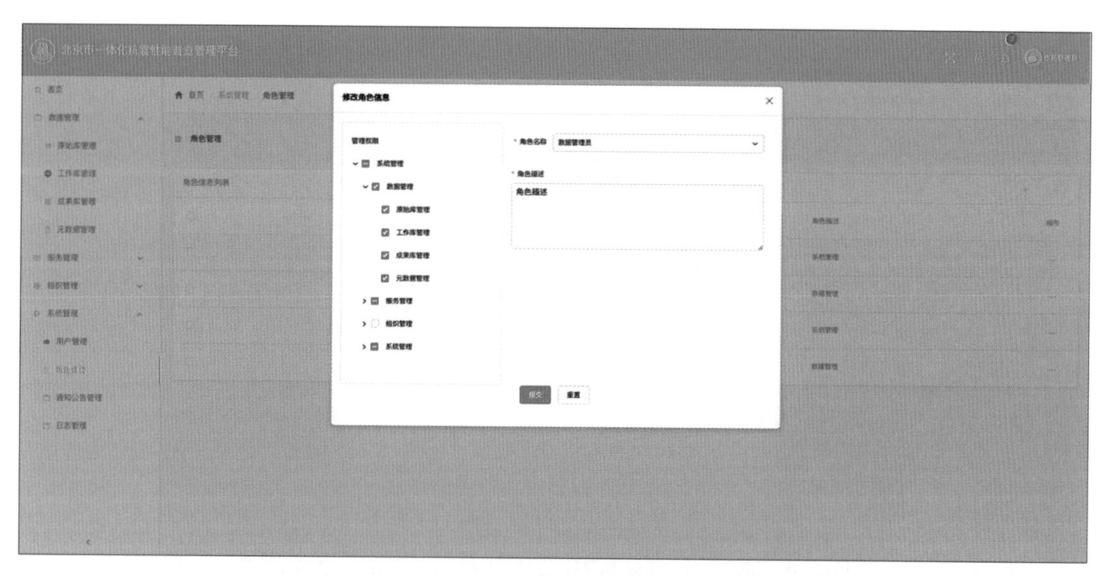

图 6–17　北京市一体化抗震性能普查管理平台权限管理界面

6.2.7.2 配置管理

配置管理提供字典配置、索引表配置和系统参数配置等。字典配置主要是提供枚举（如行政区划代码等）的配置，包括枚举的添加、修改、删除操作以及相应枚举值的新建、修改、删除操作。索引表配置提供类似接图表、行政区划表等可作为数据索引表的相关信息配置功能，系统中很多地方需要依赖索引表，如元数据查看、数据入库、数据提取等。配置管理包括了区划管理功能（图 6–18）和单位管理功能（图 6–19）。

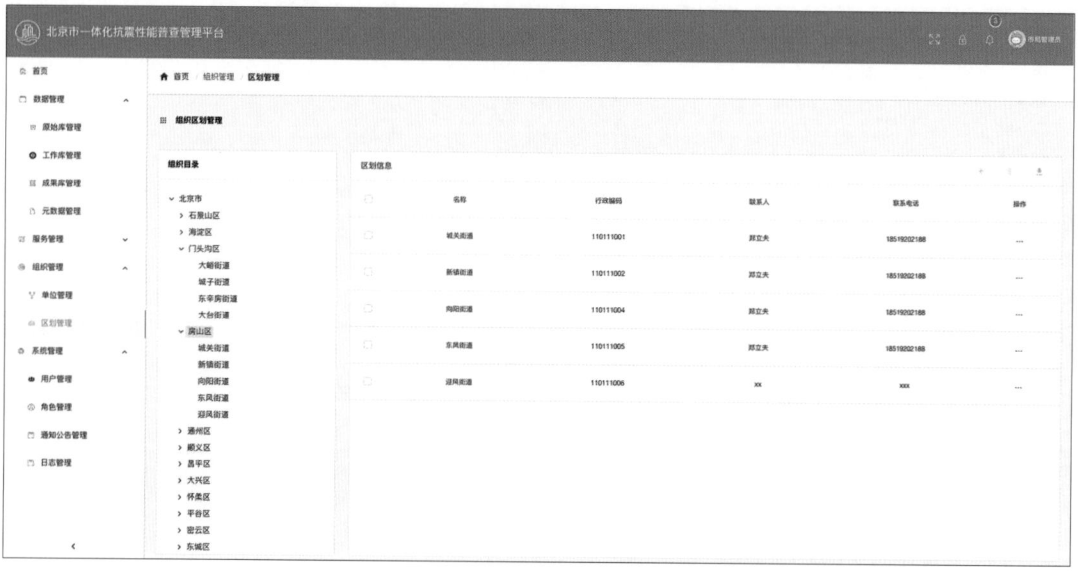

图 6–18　北京市一体化抗震性能普查管理平台区划管理界面

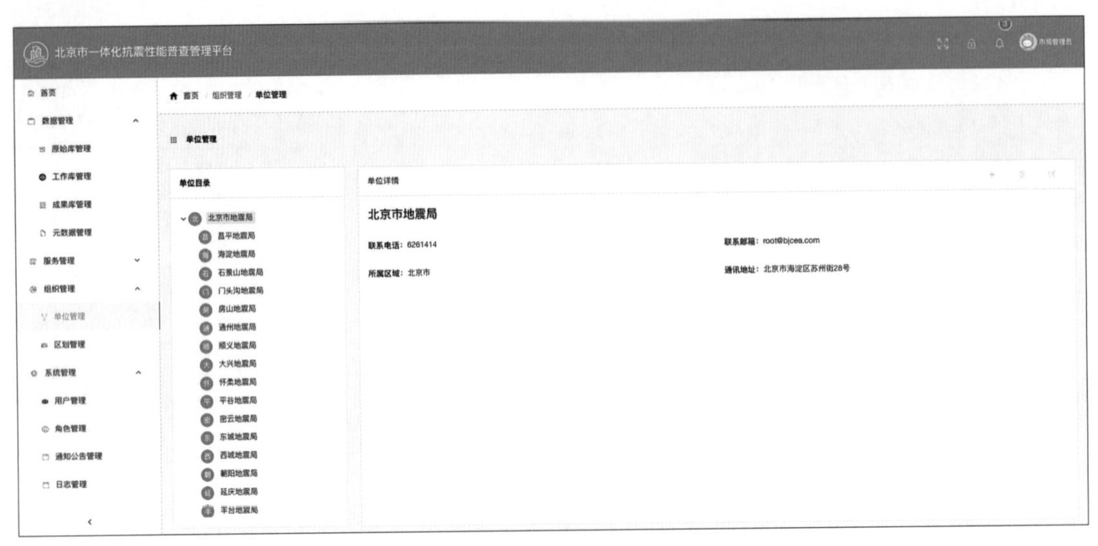

图 6–19　北京市一体化抗震性能普查管理平台单位管理界面

区划管理涉及数据权限管理等主要功能，需按实际行政区划进行组织和编码。

6.2.7.3 日志管理

为了确保系统的安全、有效运行，对系统日志的记录和管理是十分必要的。通过记录日志，可以为系统管理员提供审计和监测数据，能为系统维护人员定位和修改故障提供依据。日志管理模块（图 6–20）提供了查询具体操作日志功能，记录的日志内容包括：操作者、IP、操作时间、操作栏目、操作模块、操作类型及操作内容等，同时支持日志的导出和删除功能。

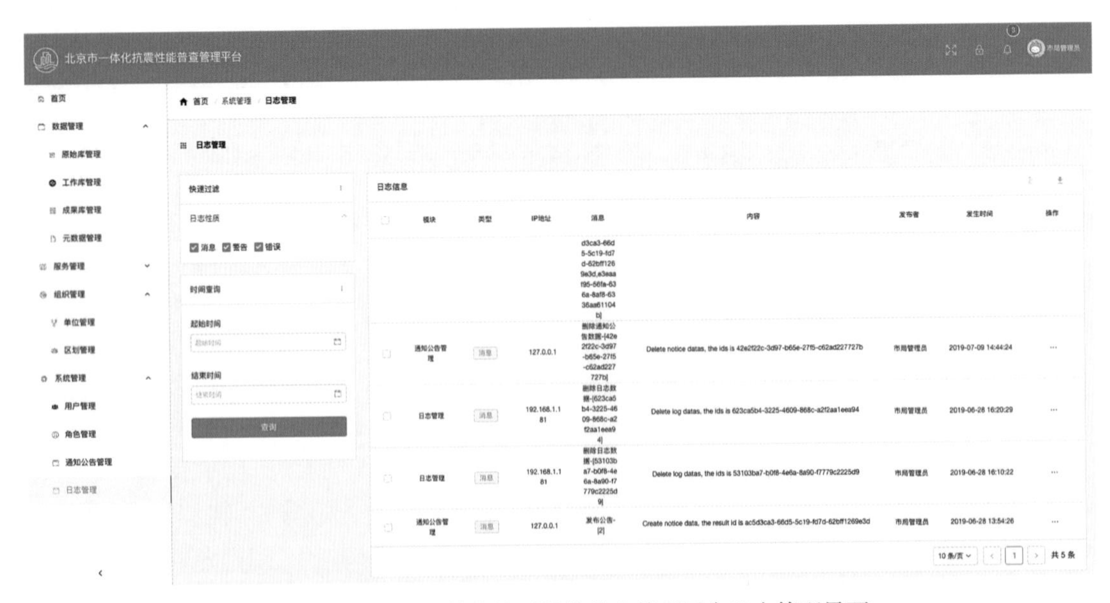

图 6–20　北京市一体化抗震性能普查管理平台日志管理界面

6.2.7.4 备份恢复

任何数据库在长期使用过程中，都会存在一定的安全隐患。对于数据库管理员来说，不能仅寄希望于计算机操作系统的安全运行，而是要建立一整套的数据库备份与恢复机制。当数据库发生故障后，能够重新建立一个完整的数据库。

备份恢复模块为数据库管理员提供了数据库备份和恢复向导，能够引导用户完成数据的备份和恢复操作。

第 7 章

一体化建筑物抗震性能普查数据采集 APP 设计

一体化建筑物抗震性能普查数据采集 APP 系统主要包括登录模块、表单创建模块、地图操作模块、列表展示模块与更多信息模块（图 7–1）。其中登录模块主要验证用户身份，通过验证后可正常使用系统；表单创建模块主要包括基本信息填写、其他信息添加、拍照、上传、离线保存等功能；列表展示模块主要包括已上传列表展示、未上传列表展示、编辑表单、复制创建等功能；更多信息模块主要包括应用版本、使用帮助、意见反馈等功能。

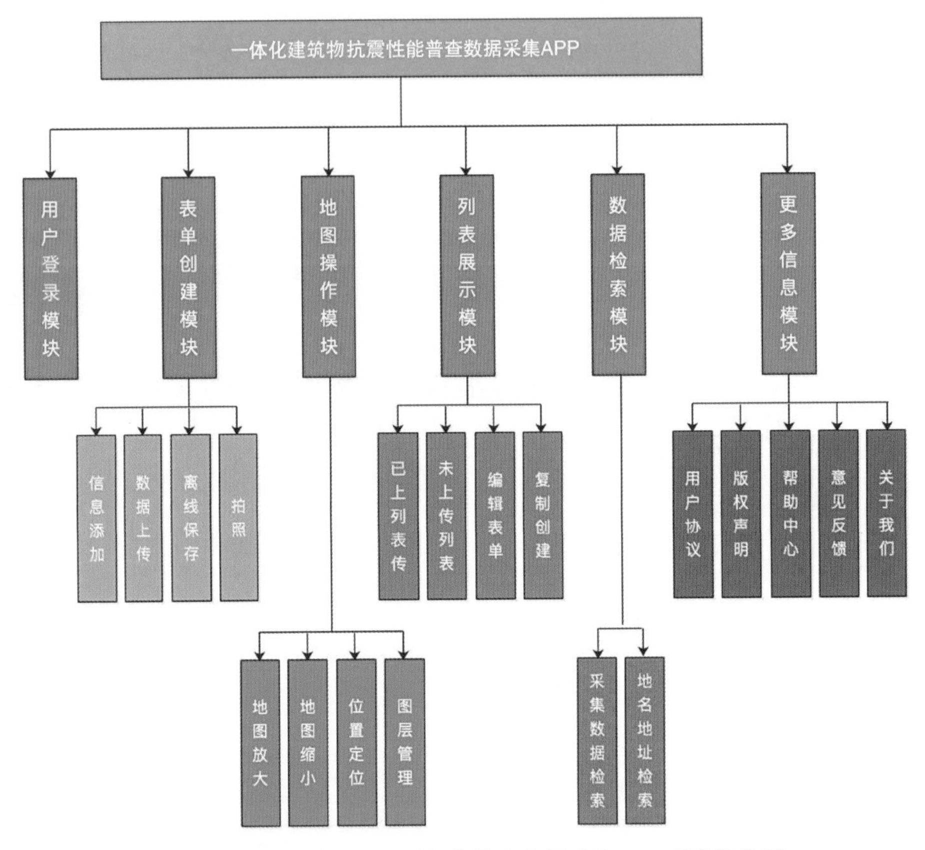

图 7–1　一体化建筑物抗震性能普查数据采集 APP 系统结构图

7.1 应用登录模块

用户账号按照行政区划由管理员统一进行分配，每个行政单元一个账号，支持多人同时登录、使用。

相关采集人员选择自己所属的区、乡镇 / 街道、村 / 社区，输入对应的账号、密码后登录系统，作为进入系统的唯一入口，其模块功能见图 7–2。

图 7–2　应用登录模块界面

7.2 应用地图模块

应用地图模块作为整个 APP 主页面，承载了基础底图服务、建筑物矢量数据服务，是建筑物抗震性能数据采集的交互入口，主要包括了地图放大缩小、地图重置、地图定位等功能，见图 7–3。

7.3 地名地址搜索模块

应用支持根据地名地址进行搜索，单击搜索结果可使地图定位至搜索结果范围，见图 7–4。

7.4 信息采集模块

建筑物抗震性能采集的唯一入口。填写表单信息，可直接上传，也可以离线保存数据，支持离线数据的上传。信息采集共分为 4 步：

（1）第一步，在地图上点击选择要采集的建筑物图斑，选中的建筑物图斑呈高亮显示，见图 7–5。

（2）第二步，选中建筑物图斑后，系统将跳转至图斑基本信息页面，在基本信息页面点击“信息采集”按钮，系统将进入信息采集表单页面，见图 7–6。

图 7–3　应用地图模块界面

图 7–4　地名地址搜索模块界面

图 7–5　选择采集图斑界面

图 7–6　建筑物基本信息界面

（3）第三步，按照表单内容逐项填写或者选择，采集表单共分两个主题，其中“基本信息”为必填信息，填写不完整将无法上传，“详细信息”按照现场可获取的信息填写，系统整体界面效果见图 7-7。

图 7-7 填写建筑物信息界面

（4）第四步，完成所有信息填写后，点击“完成”，选择“暂存”，可将采集信息暂存在本地，选择“提交”，可将建筑信息直接上传服务器，见图 7-8。

7.5 异常上报模块

采集员在采集的过程难免会碰到一些问题，比如地图上的建筑物图斑与实际情况不符等，用户可采用如下三步，来上报异常信息：

（1）第一步，在地图上点击选择要上报的建筑物图斑，选中的建筑物图斑呈高亮显示，见图 7-9。

（2）在建筑物基本信息页面，单击“上报”按钮，见图 7-10。

（3）进入上报页面，选择上报原因后，单击“确认上报”按钮，即可将选中的图斑作为异常数据上报服务器，见图 7-11。

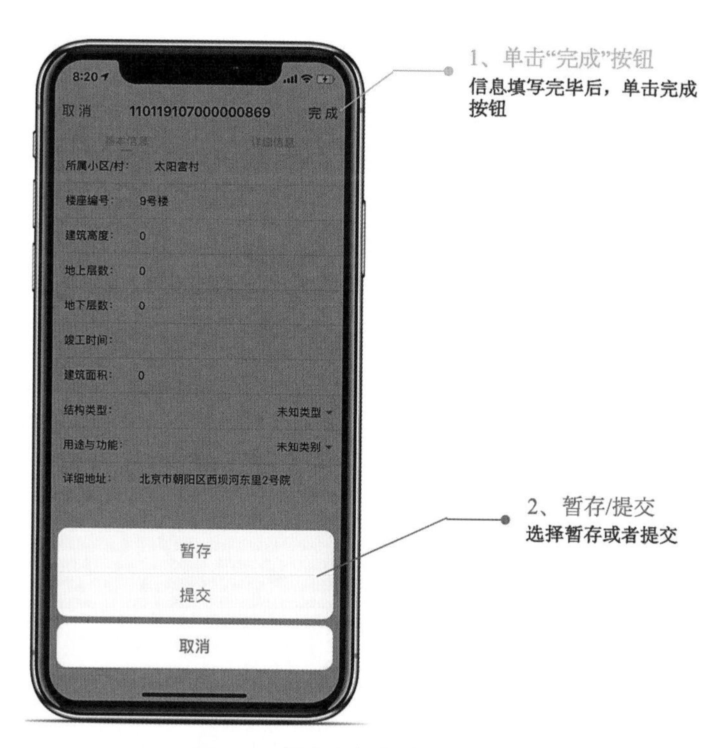

图 7-8　提交或暂存采集数据界面

图 7-9　选择采集图斑界面

图 7-10　单击“上报”按钮界面

图 7-11　异常数据上报界面

7.6 数据管理模块

用户登录后，可以通过“记录”管理页面进行查看和修改所提交的数据。记录管理页面分为“待提交”“待审核”“已审核”3 个主题，见图 7–12。

图 7–12　数据管理模块界面

7.6.1 “待提交”数据管理模块

“待提交”页面为用户已采集、但未提交至服务器、暂存在本地的采集记录，该模块支持：

（1）二次编辑：“待提交”页面的记录支持再编辑，在“待提交”列表，单击任意一条数据，均可对该数据进行二次编辑。

（2）单条记录提交：点击记录前面的圆点，可选中当前记录，然后点击“提交”按钮；或者在要提交的记录上向左侧滑动，在划出的界面上，点击“提交”按钮，即可提交当前记录，见图 7–13。

（3）批量提交：单击“全选”按钮，选中全部“待提交”记录，单击“提交”按钮，即可将全部“待提交”记录上传服务器。

（4）删除记录：操作步骤与“数据提交”步骤类似，选中记录后选择“删除”即可，删除记录也支持单条及批量操作。

图 7-13　“待提交”模块界面

7.6.2 “待审核”数据管理模块

“待审核”页面为用户已提交，正在等待管理员审核的记录列表，在该页面可查看提交记录的审批进度信息，见图 7-14。

7.6.3 “已审核”数据管理模块

“已审核”页面为用户已提交，且管理员已审核的记录列表，在该页面可查看提交记录的审批结果信息，见图 7-15。

7.7 系统设置模块

实现退出当前账户、设置等功能，用户点击更多信息模块，查看应用相关功能如版本介绍、使用说明等信息，其功能见图 7-16。

图 7–14　“待审核”模块界面

图 7–15　“已审核”模块界面

图 7–16　系统设置模块界面

第8章

一体化建筑物抗震性能普查成果展示系统设计

建筑物抗震性能普查成果展示系统主要包括市情概览模块、数据统计模块、抗震分析模块、结论建议模块等 4 大模块。

其中市情概览模块主要展示北京市地理概况、地震地质条件、区划图信息及周边相关历史地震信息。

数据统计模块主要展示本次收集信息的空间展示和各分类标准不同类建筑物抗震能力的综合分析结果展示。

抗震分析模块主要实现以建造年代、结构类型、建筑用途、建筑高度等属性为分类参数，分析各类建筑物在数量、建筑面积等因素的比例关系及抗震性能综合评价。

结论建议模块主要从建筑物抗震结构措施采用情况及抗震设防级别进行综合评估分析。

一体化建筑物抗震性能普查成果展示系统整体功能模块架构如图 8–1 所示。

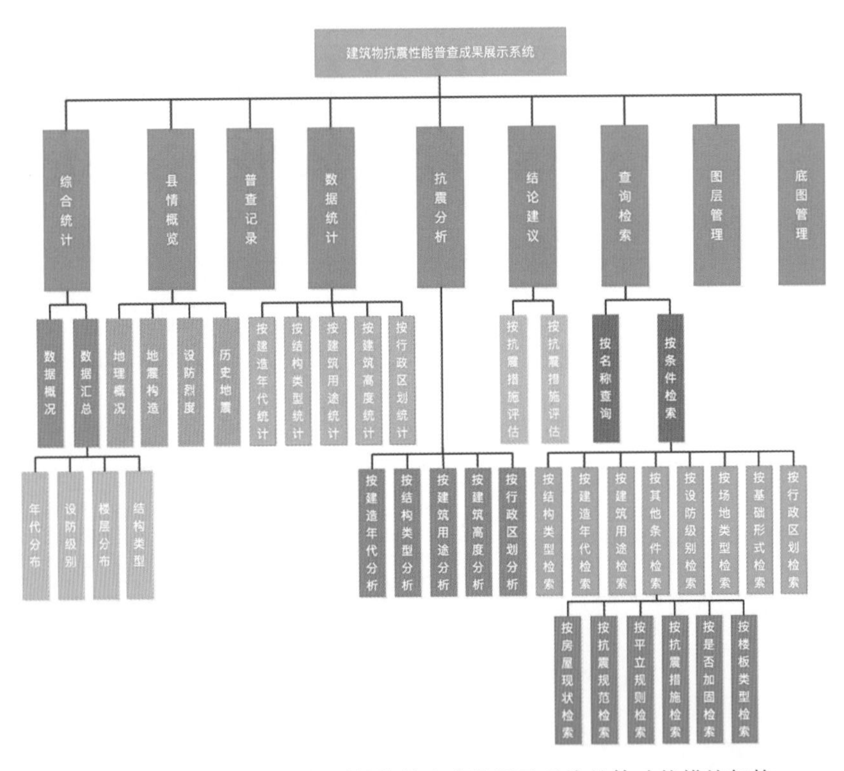

图 8–1　一体化建筑物抗震性能普查成果展示系统整体功能模块架构

8.1 市情概览模块

市情概览综合展示北京市地理概况、地震构造、设防烈度、历史地震信息。

地理概览：综合展示北京市地理位置、行政区划等信息（图 8–2）。

图 8-2　市情概览模块——地理概况界面

地震构造：综合展示北京市及周边相关地震构造数据（图 8-3）。

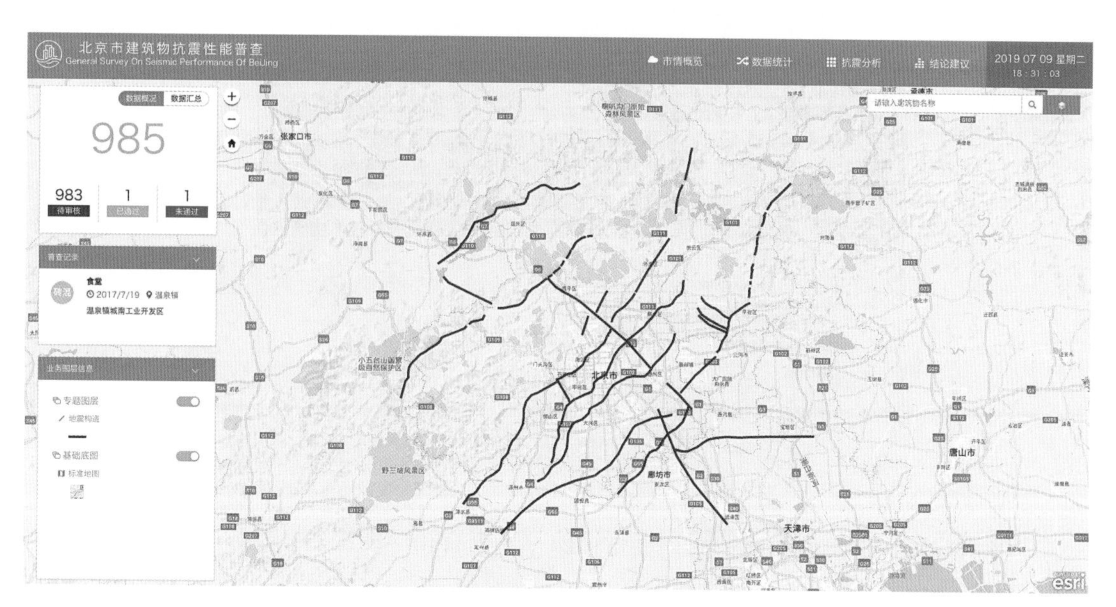

图 8-3　市情概览模块——地震构造界面

设防烈度：综合展示北京市设防数据信息。

历史地震：综合展示北京市历史地震情况，包括发震位置、发震时间、震级等相关信息展示。

8.2 数据统计模块

数据统计模块主要展示本次收集信息的空间分布和各分类标准不同类建筑物抗震能力的综合分析结果。

8.2.1 按建筑年代统计

按建筑年代统计是指统计不同建筑年代下，不同建造高度、不同结构类型、不同建筑用途等的比例分布，并在地图上展示。

在按建筑年代统计界面中（图 8–4），各类统计都以建筑年代为基础进行统计，主要包括：建筑高度统计、结构类型统计、建筑用途统计、设防类别统计、行政区划统计、不同建筑物数量分布、不同建筑物面积分布等。

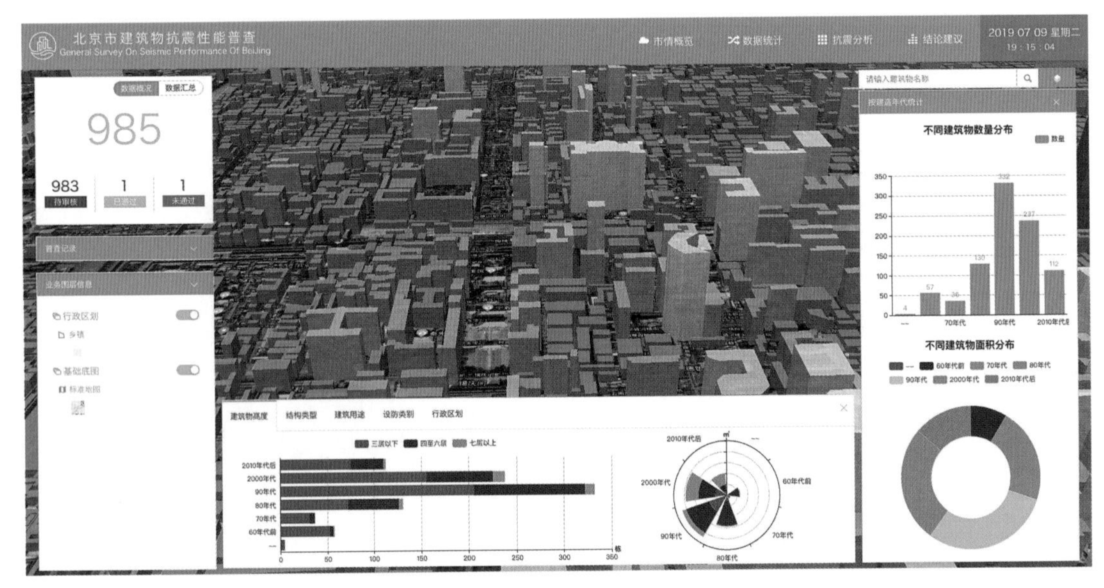

图 8–4　数据统计模块——按建筑年代界面

在该模块中，可根据不同便签页进行切换，来查看相应的图表信息，如：

- 建筑高度统计（图 8–5）。
- 结构类型统计（图 8–6）。
- 建筑用途统计（图 8–7）。
- 设防类别统计（图 8–8）。

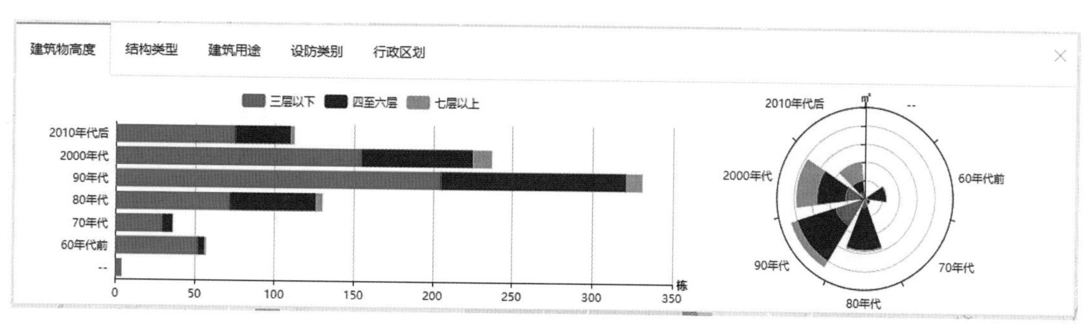

图 8-5 建筑高度统计界面

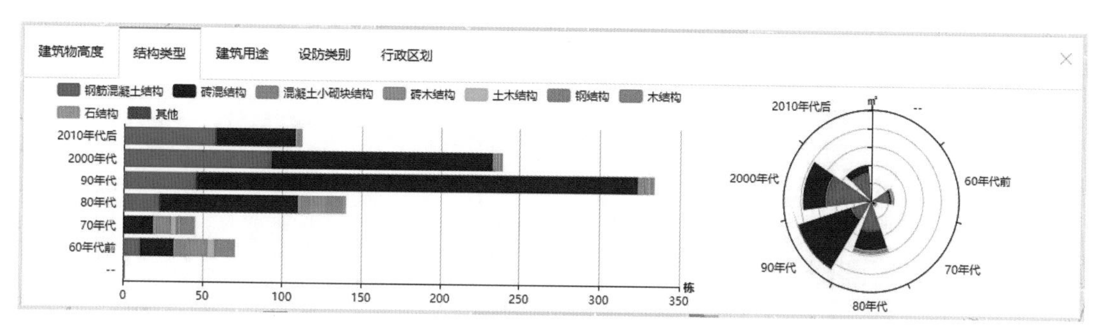

图 8-6 结构类型统计界面

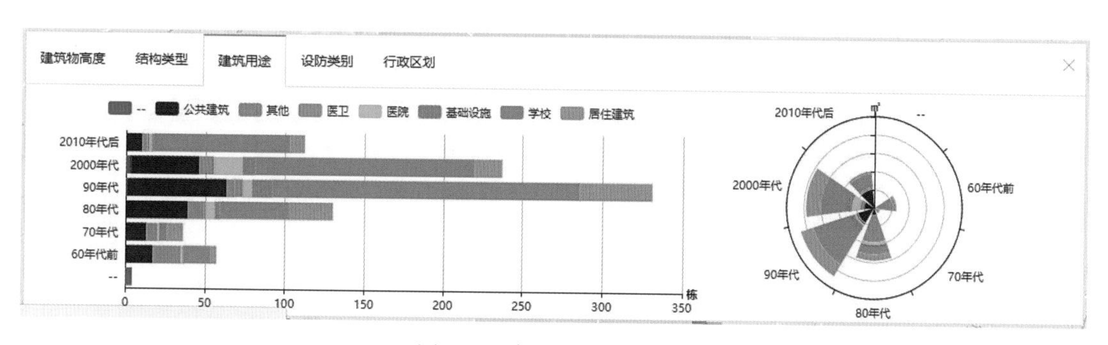

图 8-7 建筑用途统计界面

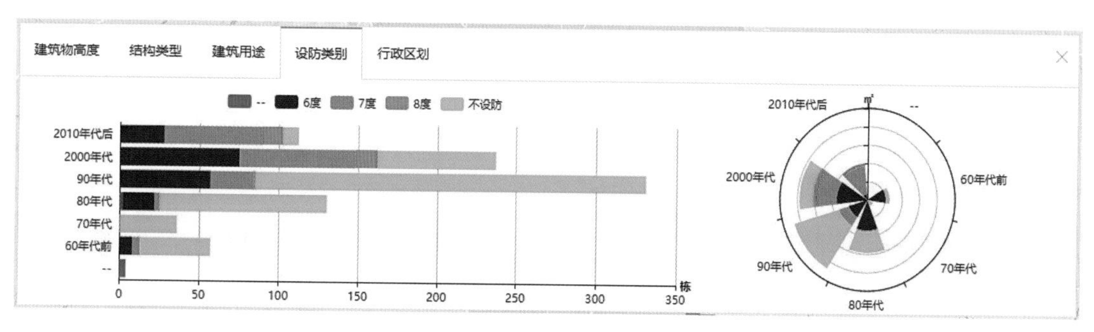

图 8-8 设防类别统计界面

8.2.2 按建筑结构统计

按建筑结构统计是指统计不同结构类型下，不同建造高度、不同建造年代、不同建筑用途等的比例分布，并在地图上展示。

在按结构类型统计界面中（图 8–9），各类统计都以结构类型为基础进行统计，主要包括：建筑物高度统计、建筑年代统计、建筑用途统计、设防类别统计、行政区划统计、不同结构建筑物数量分布、不同结构建筑物面积分布等。

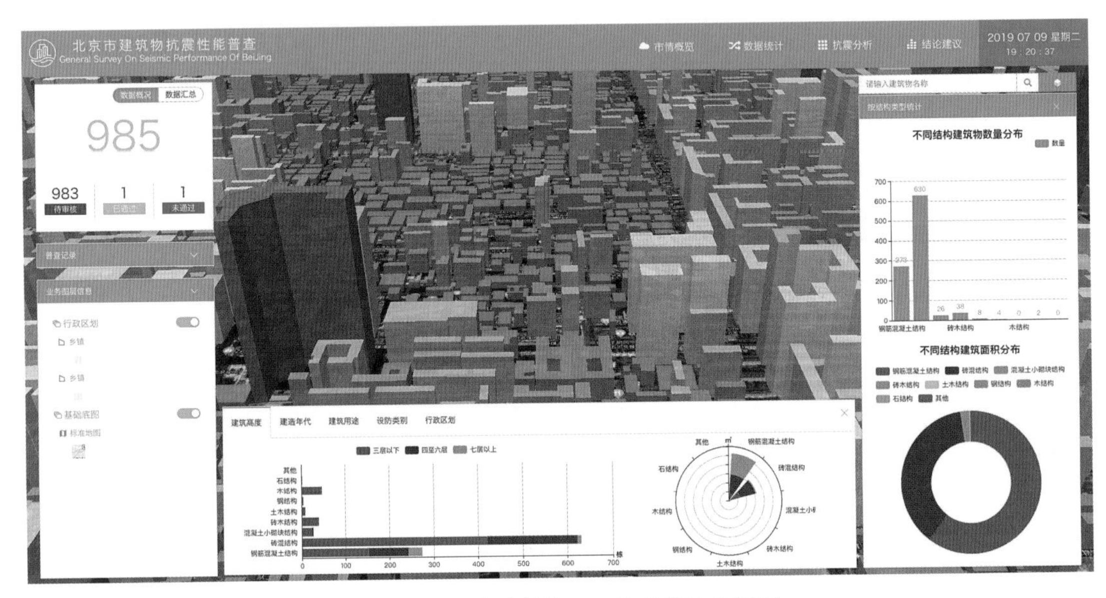

图 8–9　数据统计模块——按建筑结构界面

在该模块中，可根据不同便签页进行切换，来查看相应的图表信息，如：

- 建筑高度统计（图 8–10）。
- 建造年代统计（图 8–11）。
- 建筑用途统计（图 8–12）。
- 设防类别统计（图 8–13）。

8.2.3 按建筑用途统计

统计不同建筑用途下，不同建造高度、不同建造年代、不同建筑结构等的比例分布，并在地图上展示。

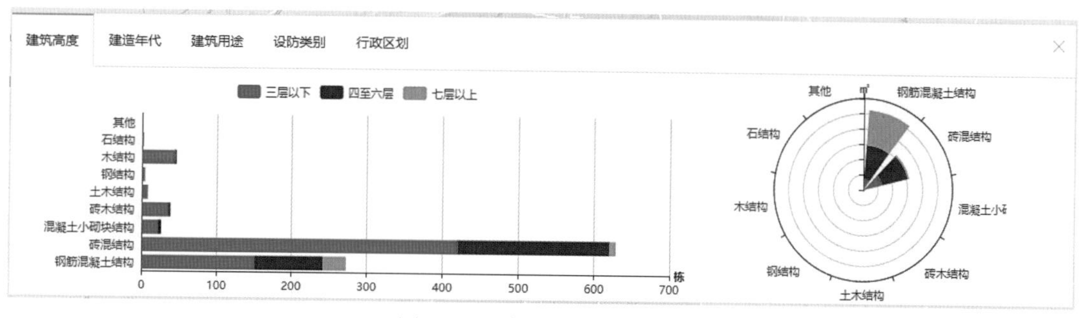

图 8-10　建筑高度统计界面

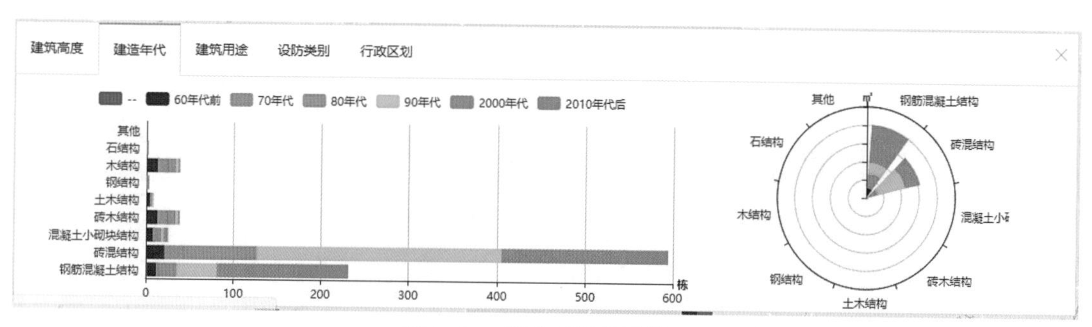

图 8-11　建造年代统计界面

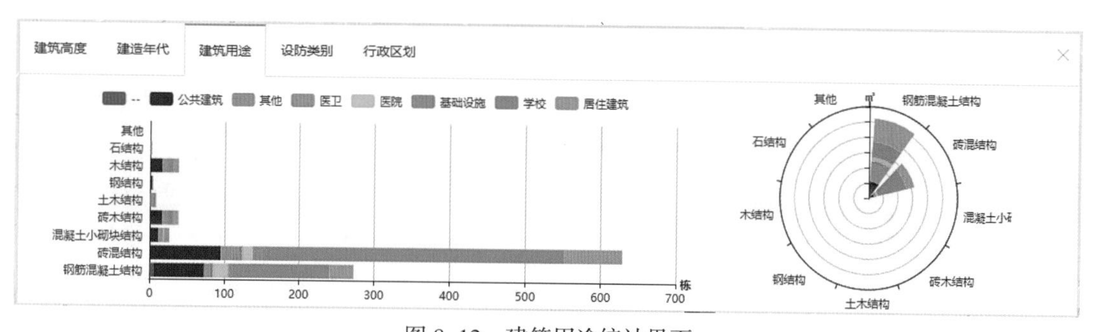

图 8-12　建筑用途统计界面

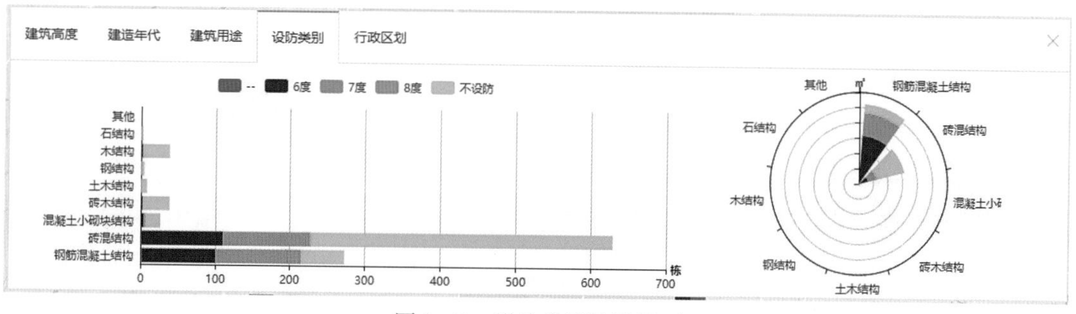

图 8-13　设防类别统计界面

在按建筑用途统计界面中，各类统计都以建筑用途为基础进行统计，主要包括：建筑物高度统计、建筑年代统计、建筑结构统计、设防类别统计、行政区划统计、不同用途建筑物数量分布、不同用途建筑物面积分布等（图 8–14）。

在该模块中，可根据不同便签页进行切换，来查看相应的图表信息，如：

- 建筑高度统计（图 8–15）。
- 建造年代统计（图 8–16）。
- 建筑结构统计（图 8–17）。
- 设防类别统计（图 8–18）。

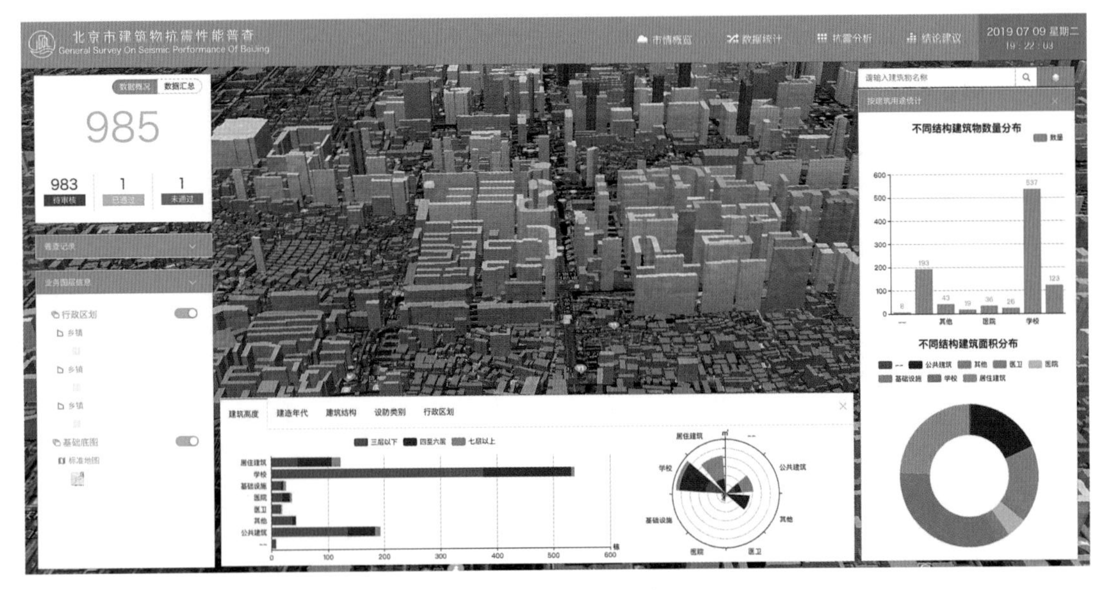

图 8–14　数据统计模块——按建筑用途界面

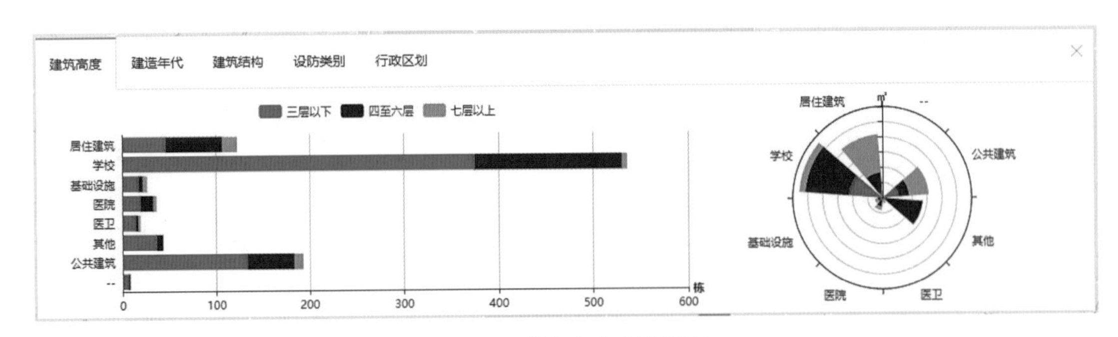

图 8–15　建筑高度统计界面

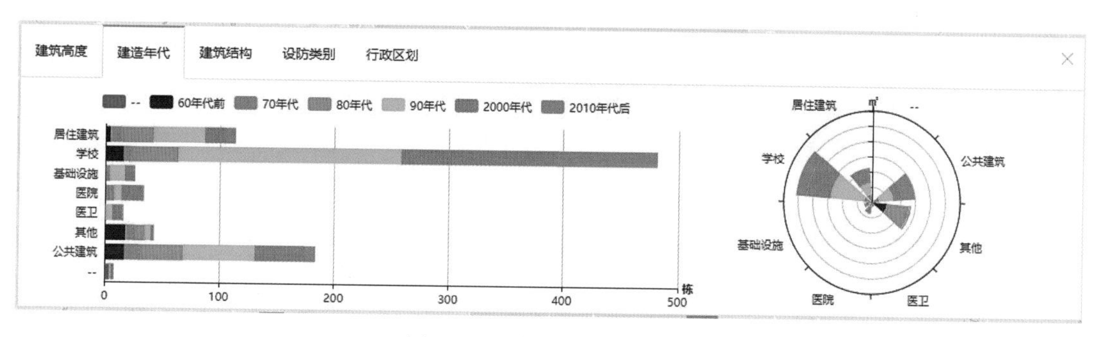

图 8–16 建造年代统计界面

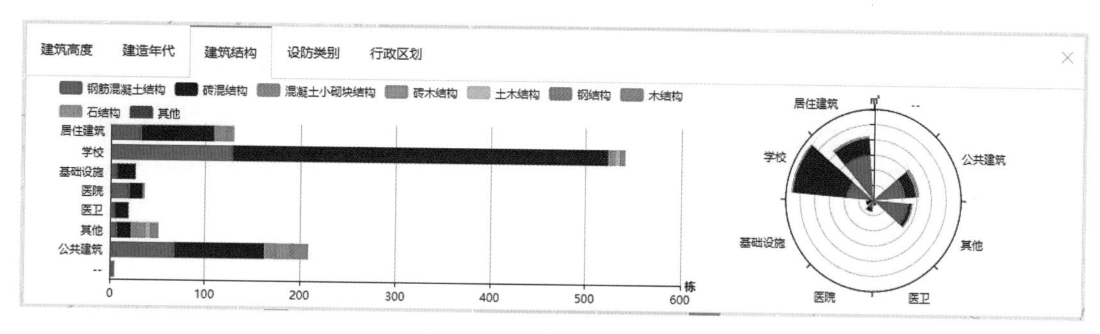

图 8–17 建筑结构统计界面

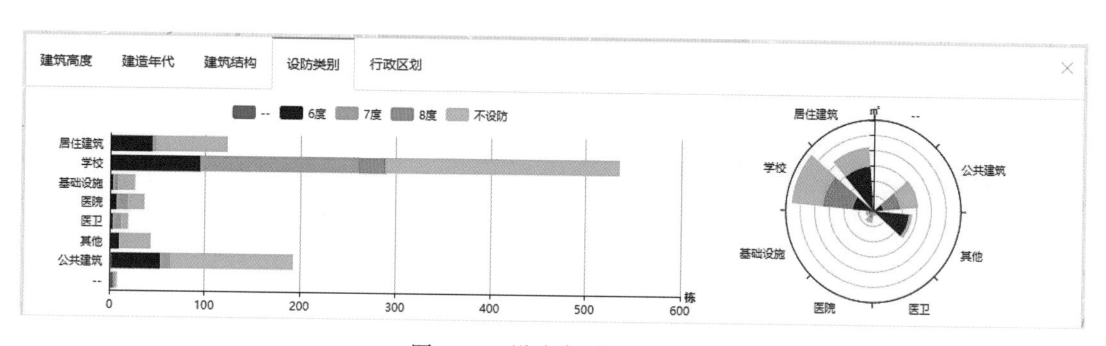

图 8–18 设防类别统计界面

8.2.4 按建筑高度统计

统计不同建筑高度下，不同建造用途、不同结建造年代、不同建筑结构等的比例分布，并在地图上展示。

在按建筑高度统计界面中，各类统计都以建筑高度为基础进行统计，主要包括：建筑用途统计、建筑年代统计、建筑结构统计、设防类别统计、行政区划统计、不同楼层建筑物数量分布、不同楼层建筑物面积分布等（图 8–19）。

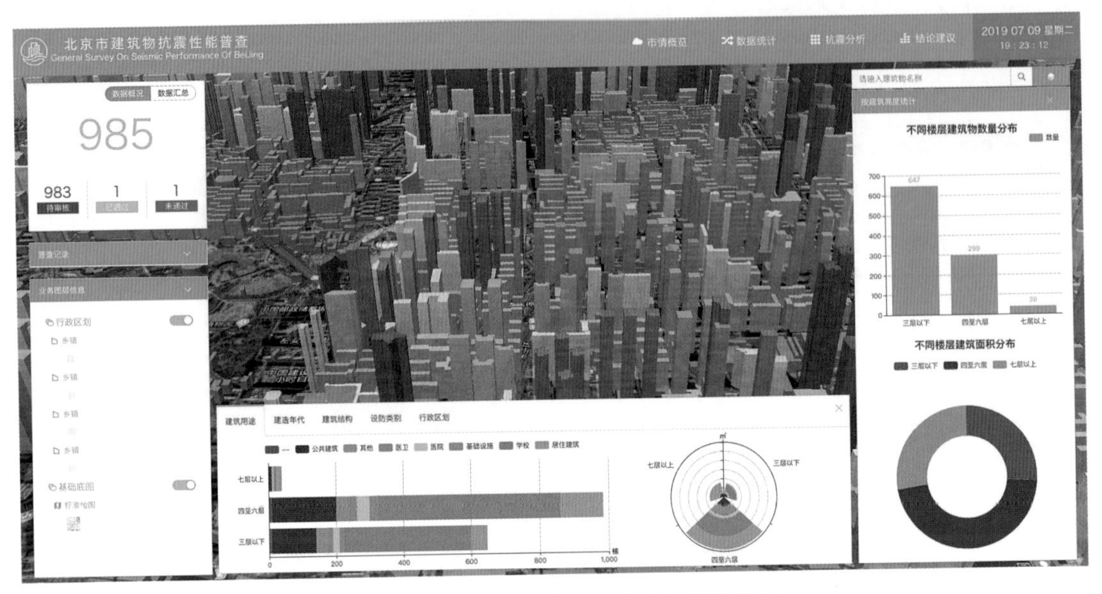

图 8–19　数据统计模块——按建筑高度界面

在该模块中，可根据不同便签页进行切换，来查看相应的图表信息，如：

- 建筑用途统计（图 8–20）。

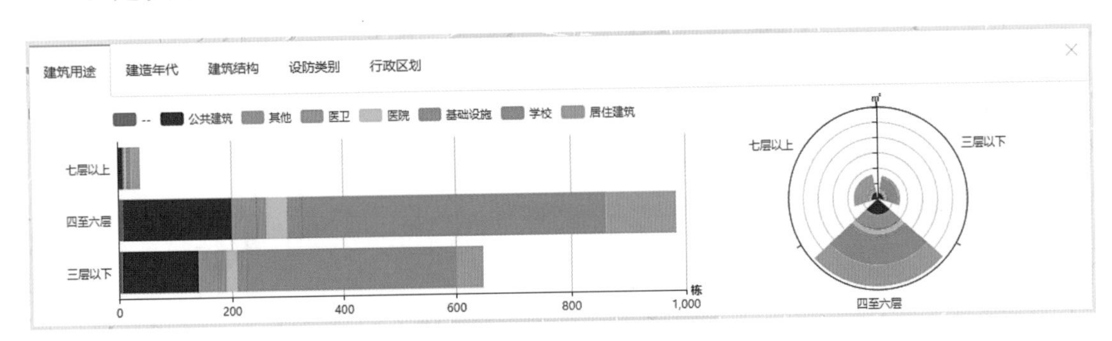

图 8–20　建筑用途统计界面

- 建造年代统计（图 8–21）。

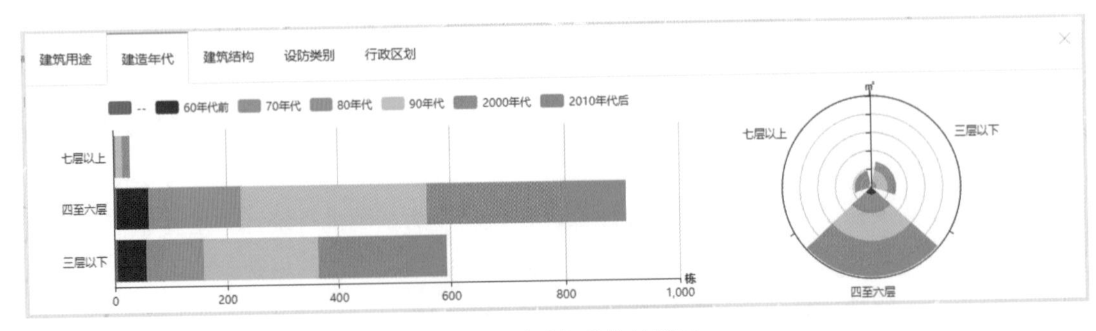

图 8–21　建造年代统计界面

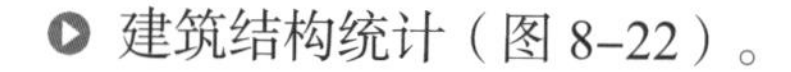

建筑结构统计（图 8–22）。

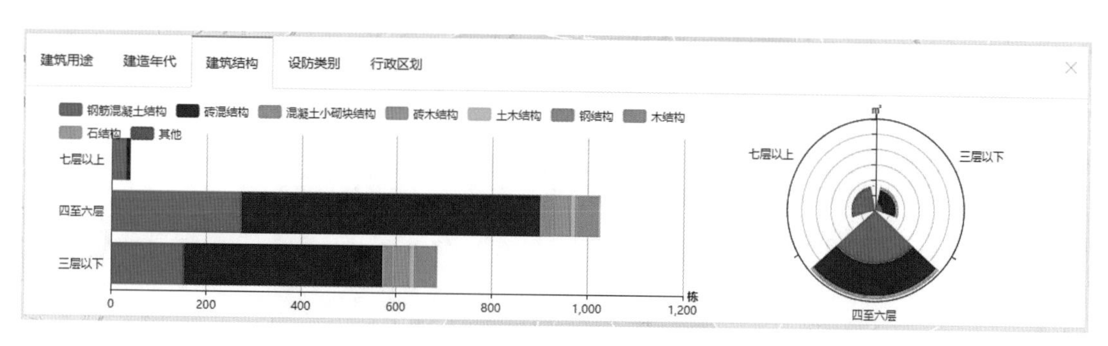

图 8–22　建筑结构统计界面

设防类别统计（图 8–23）。

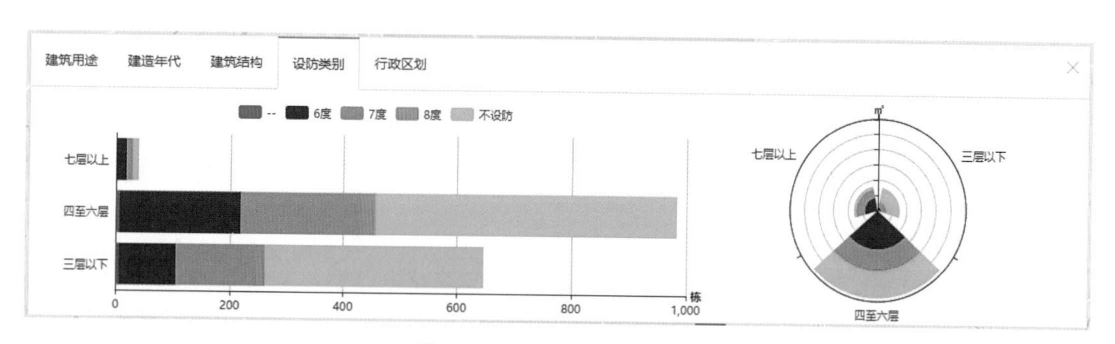

图 8–23　设防类别统计界面

8.3 抗震分析模块

抗震分析模块主要实现以建造年代、结构类型、建筑用途、建筑高度等属性为分类参数，分析各类建筑物在数量、建筑面积等因素的比例关系及抗震性能综合评价。

8.3.1 按建筑年代分析

以建筑物建造年代为分析因子，分析普查数据不同年代建筑物在建筑用途上的分布情况，并在地图上展示。

在按建造年代分析界面中，系统提供了根据不同年代建筑物的信息状况，如不同年代建筑物普查总面积是多少、建筑物是否到达使用年限、建筑物的主要用途、有无勘察单位信息、有无施工单位信息、有无竣工验收资料、有无设计单位、是否设防等信息，最后根据上述信息来分析不同年代的建筑物的抗震性能（图 8–24）。

图 8-24　抗震分析模块——按建筑年代界面

8.3.2 按建筑结构分析

以建筑物结构类型为分析因子，统计不同结构的普查数据在设防类别、房屋现状、采用的抗震设防规范版本、抗震措施、施工单位信息、勘查单位信息及验收信息等方面的分布情况，并在地图上展示。

在按结构类型分析界面中，提供了丰富的结构类型分析方式，如：不同结构类型的建筑物地图分布情况、不同结构类型建筑物的按设防级别统计面积、各结构类型建筑面积占比统计情况、各结构类型建筑物数量对比情况等（图 8-25）。

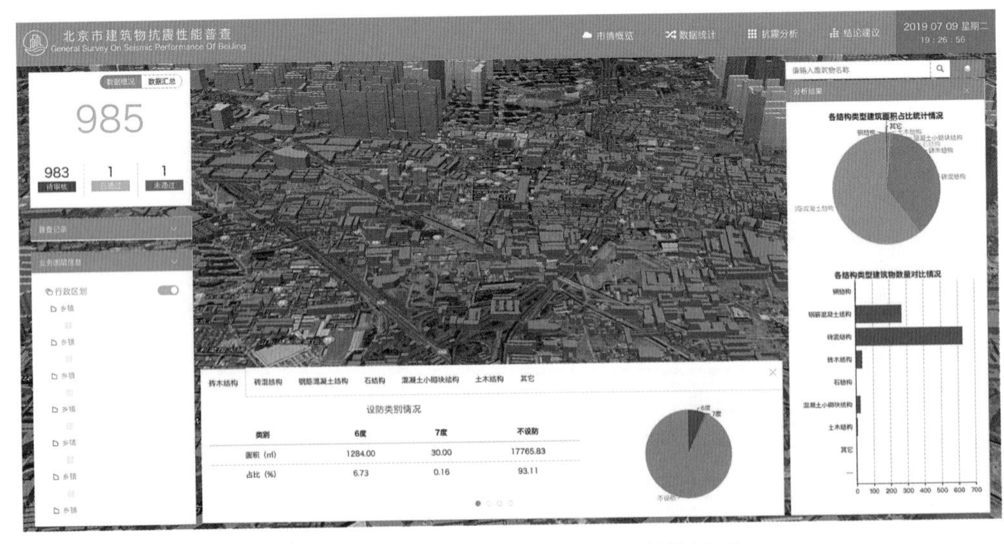

图 8-25　抗震分析模块——按建筑结构界面

在该模块中每种结构类型都对应 4 种情况的展示，点击“切换按钮”可切换展示，具体内容如下：

- 设防类别情况分析（图 8–26）。

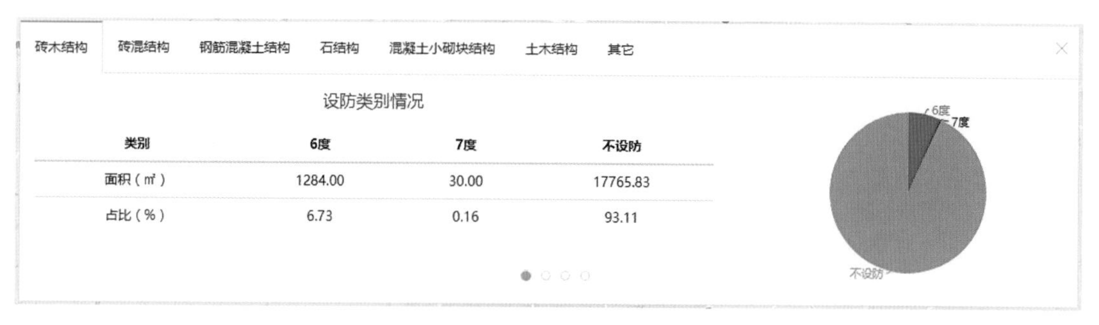

类别	6度	7度	不设防
面积（㎡）	1284.00	30.00	17765.83
占比（%）	6.73	0.16	93.11

图 8–26　设防类别情况分析界面

- 房屋现状情况分析（图 8–27）。

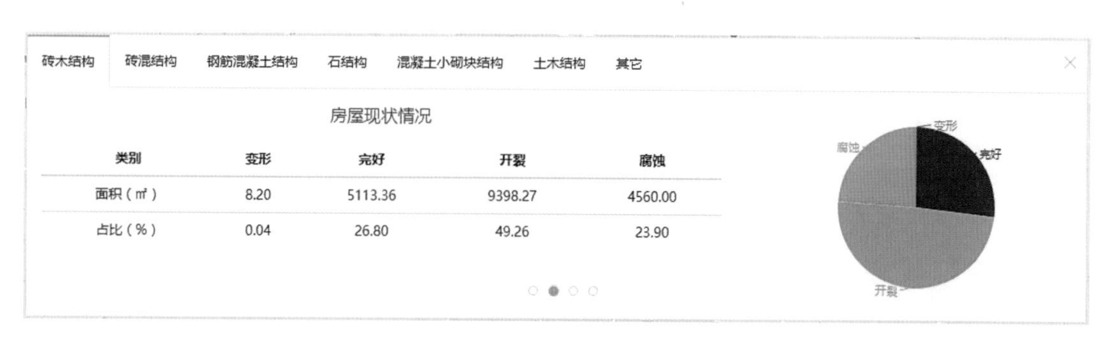

类别	变形	完好	开裂	腐蚀
面积（㎡）	8.20	5113.36	9398.27	4560.00
占比（%）	0.04	26.80	49.26	23.90

图 8–27　房屋现状情况分析界面

- 采用抗震设计规范版本分析（图 8–28）。

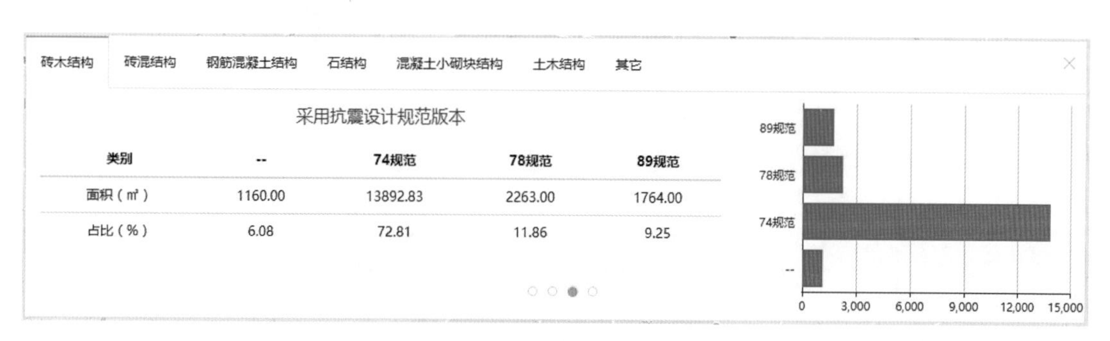

类别	--	74规范	78规范	89规范
面积（㎡）	1160.00	13892.83	2263.00	1764.00
占比（%）	6.08	72.81	11.86	9.25

图 8–28　采用抗震设计规范版本分析界面

◉ 施工单位、勘察单位和验收资料等情况分析（图 8–29）。

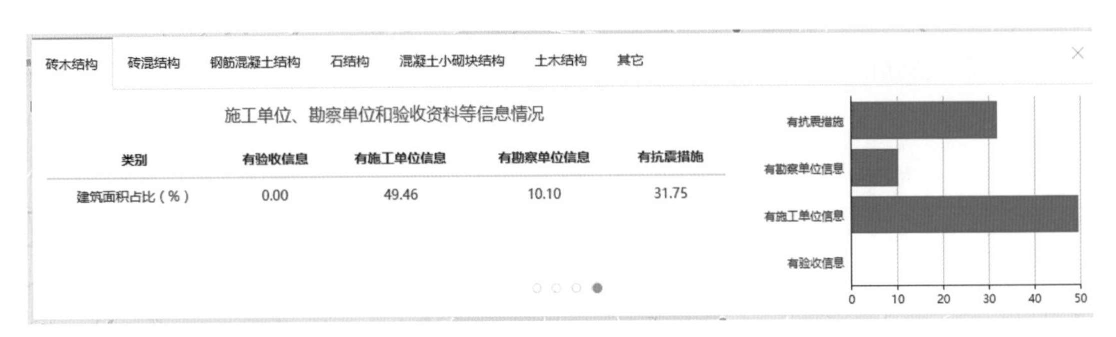

图 8–29　施工单位、勘察单位和验收资料等情况分析界面

切换便签展示结果与上述基本类似，此处就不再赘述了。

8.3.3 按建筑用途分析

以建筑物用途类型为分析因子，统计不同用途的普查数据在设防类别、房屋现状、采用的抗震设防规范版本、抗震措施、施工单位信息、勘查单位信息及验收信息等方面的分布情况，并在地图上展示。

在按用途类别分析界面中，提供了丰富的用途类别分析方式，如：不同用途类别的建筑物地图分布情况、不同用途类别建筑物的按设防级别统计面积、各用途建筑面积占比统计情况、各用途建筑物数量对比情况等（图 8–30）。

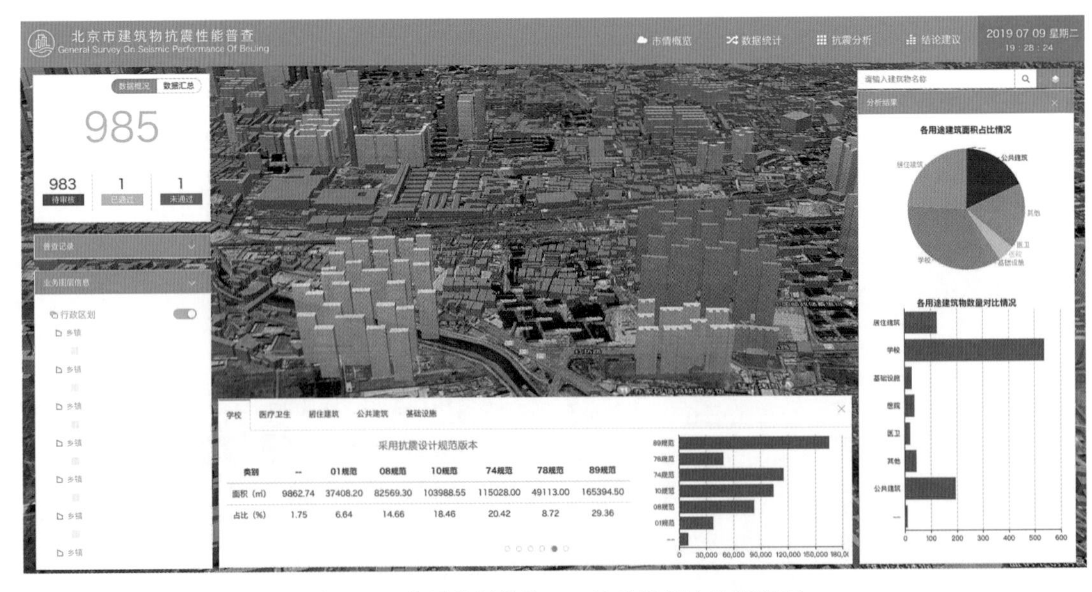

图 8–30　抗震分析模块——按建筑用途分析界面

在该模块中每种用途类别都对应 6 种情况的展示，点击“切换按钮”可切换展示，具体内容如下：

◉ 设防类别情况分析（图 8–31）。

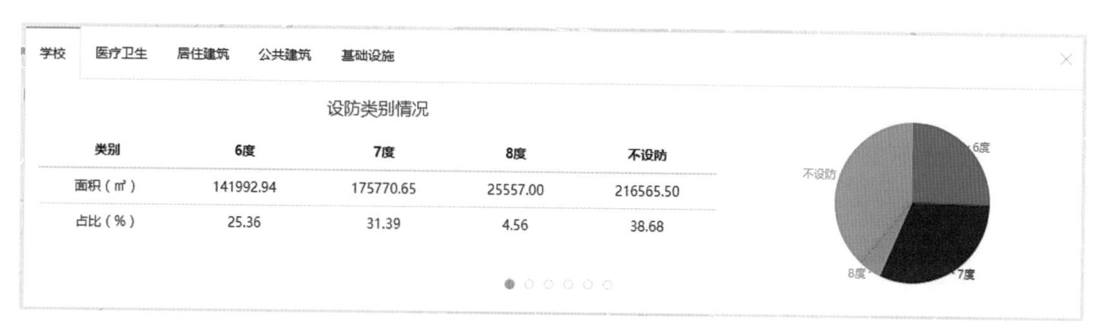

设防类别情况

类别	6度	7度	8度	不设防
面积（㎡）	141992.94	175770.65	25557.00	216565.50
占比（%）	25.36	31.39	4.56	38.68

图 8–31　设防类别情况分析界面

◉ 建筑年代情况分析（图 8–32）。

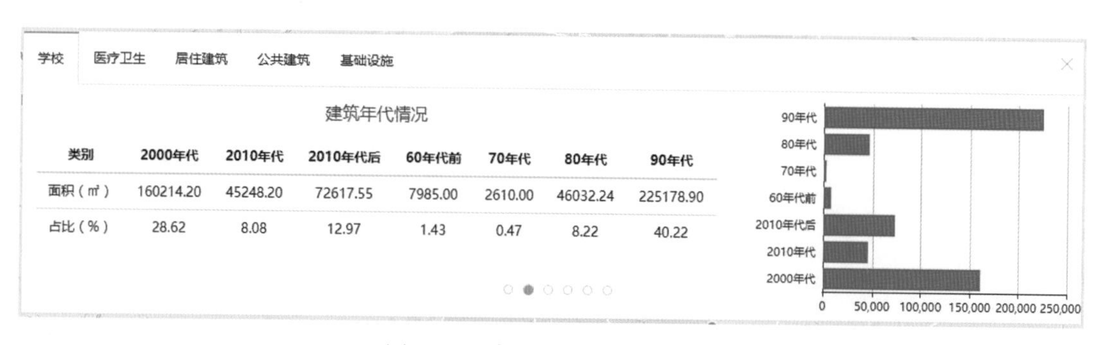

建筑年代情况

类别	2000年代	2010年代	2010年代后	60年代前	70年代	80年代	90年代
面积（㎡）	160214.20	45248.20	72617.55	7985.00	2610.00	46032.24	225178.90
占比（%）	28.62	8.08	12.97	1.43	0.47	8.22	40.22

图 8–32　建筑年代情况分析界面

◉ 房屋现状情况分析（图 8–33）

学校　医疗卫生　居住建筑　公共建筑　基础设施

房屋现状情况

类别	变形	完好	开裂	腐蚀
面积（㎡）	36.00	494808.55	42264.00	22777.54
占比（%）	0.01	88.38	7.55	4.07

腐蚀　变形　开裂　完好

图 8–33　房屋现状情况分析界面

- 建筑结构类型情况分析（图 8-34）。

类别	土木结构	混凝土小砌块结构	砖木结构	砖混结构	钢筋混凝土结构
面积（㎡）	1488.00	1380.00	2088.00	369996.00	184934.09
占比（%）	0.27	0.25	0.37	66.08	33.03

图 8-34　建筑结构类型情况分析界面

- 采用抗震设计规范版本分析（图 8-35）。

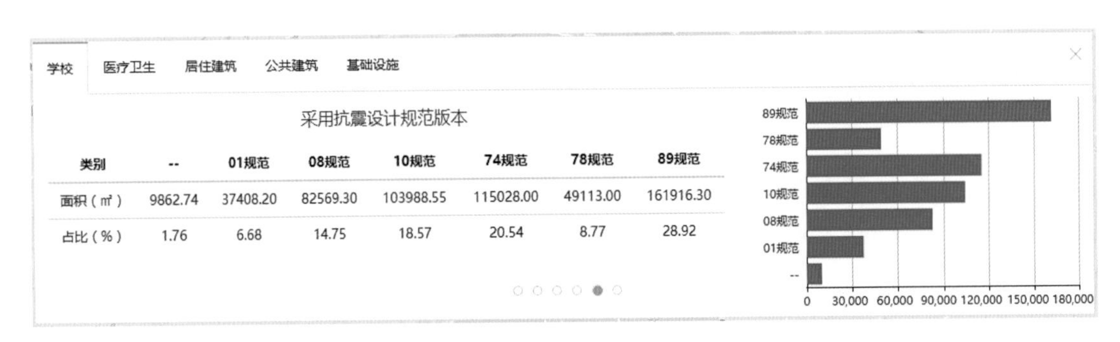

类别	--	01规范	08规范	10规范	74规范	78规范	89规范
面积（㎡）	9862.74	37408.20	82569.30	103988.55	115028.00	49113.00	161916.30
占比（%）	1.76	6.68	14.75	18.57	20.54	8.77	28.92

图 8-35　采用抗震设计规范版本分析界面

- 施工单位、勘察单位和验收资料等信息情况分析（图 8-36）。

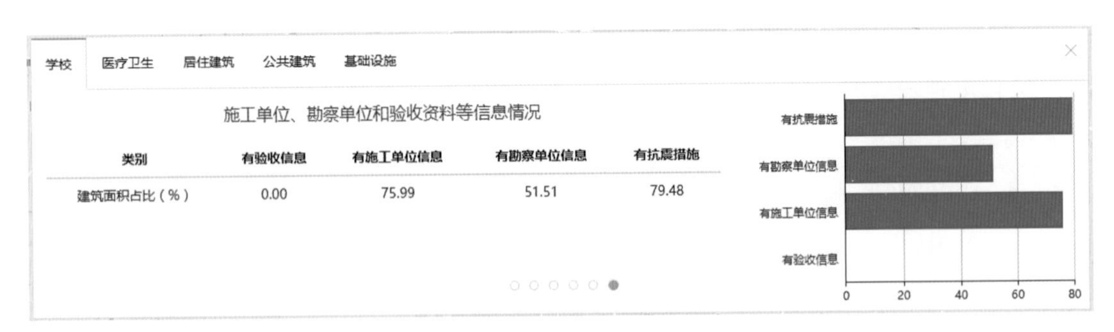

类别	有验收信息	有施工单位信息	有勘察单位信息	有抗震措施
建筑面积占比（%）	0.00	75.99	51.51	79.48

图 8-36　施工单位、勘察单位和验收资料等信息情况分析界面

切换便签展示结果与上图基本类似，展示效果此处省略。

8.3.4 按建筑高度分析

以建筑物高度类型为分析因子，统计不同高度的普查数据在设防类别、房屋现状、采用的抗震设防规范版本、抗震措施、施工单位信息、勘查单位信息及验收信息等方面的分布情况，并在地图上展示。

在按高度级别分析界面中，提供了丰富的高度级别分析方式，如：不同楼层的建筑物地图分布情况、不同楼层建筑物的按设防级别统计面积、各楼层面积占比统计情况、各楼层建筑物数量对比情况等（图 8-37）。

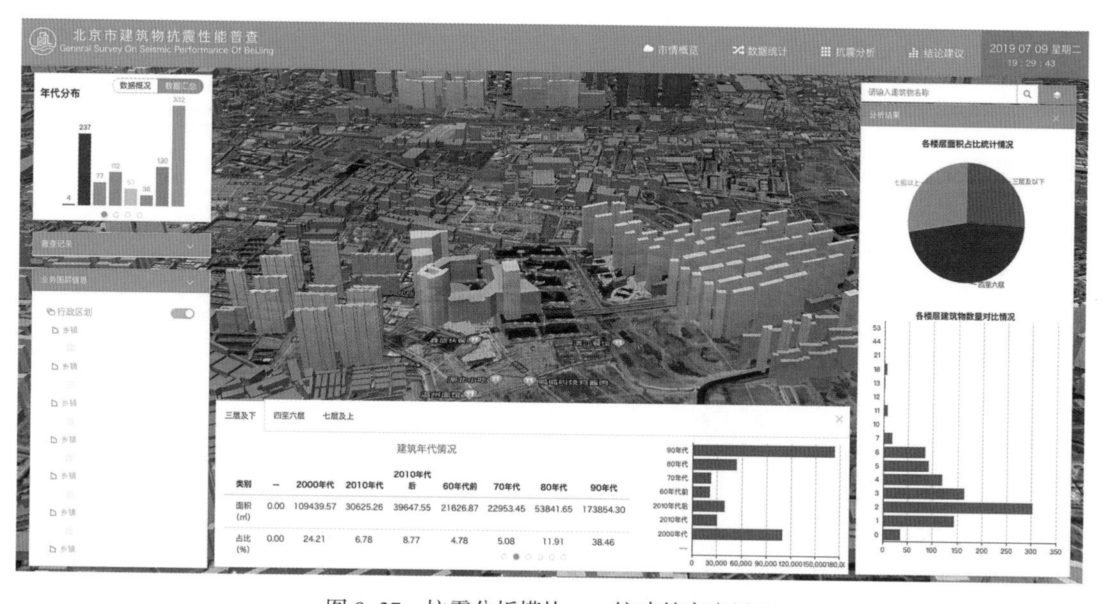

图 8-37　抗震分析模块——按建筑高度界面

在该模块中每种建筑高度都对应六种情况的展示，点击“切换按钮”可切换展示，具体内容如下：

- 设防类别情况分析（图 8-38）。
- 建筑年代情况分析（图 8-39）。
- 房屋现状情况分析（图 8-40）。
- 结构类型情况分析（图 8-41）。
- 采用抗震设计规范版本分析（图 8-42）。
- 施工单位、勘察单位和验收资料等信息情况分析（图 8-43）。

切换便签展示结果与上图基本类似，展示效果此处省略。

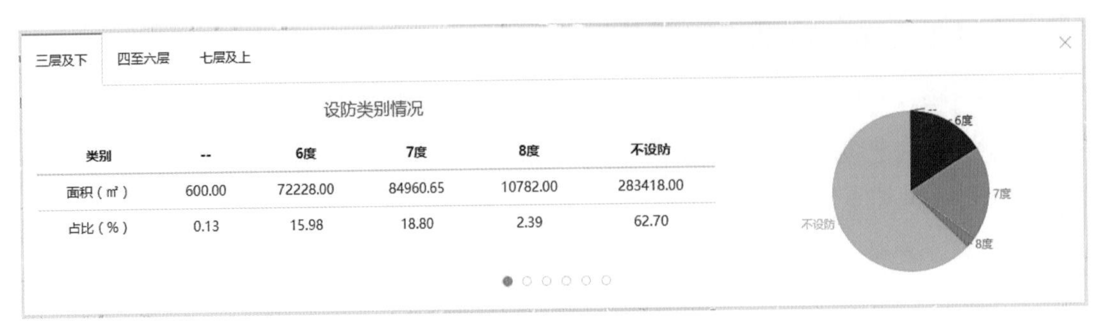

类别	--	6度	7度	8度	不设防
面积（㎡）	600.00	72228.00	84960.65	10782.00	283418.00
占比（%）	0.13	15.98	18.80	2.39	62.70

图 8-38　设防类别情况分析界面

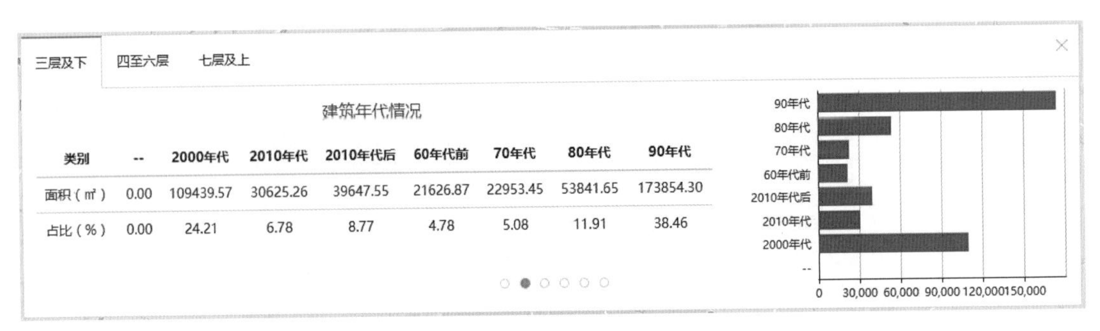

类别	--	2000年代	2010年代	2010年代后	60年代前	70年代	80年代	90年代
面积（㎡）	0.00	109439.57	30625.26	39647.55	21626.87	22953.45	53841.65	173854.30
占比（%）	0.00	24.21	6.78	8.77	4.78	5.08	11.91	38.46

图 8-39　建筑年代情况分析界面

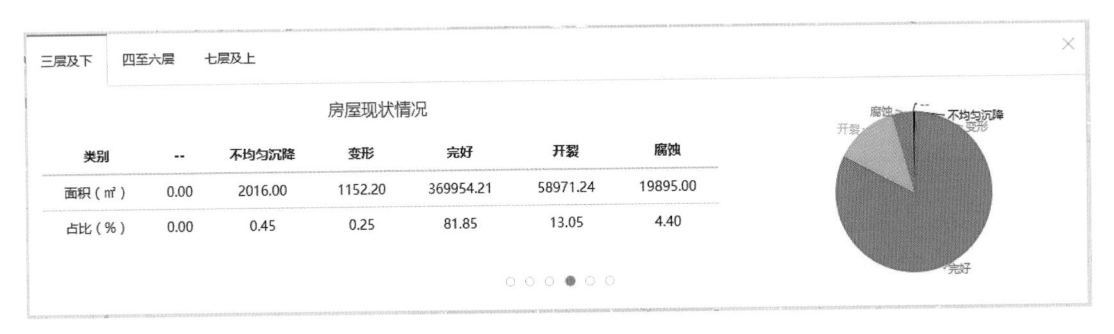

类别	--	不均匀沉降	变形	完好	开裂	腐蚀
面积（㎡）	0.00	2016.00	1152.20	369954.21	58971.24	19895.00
占比（%）	0.00	0.45	0.25	81.85	13.05	4.40

图 8-40　房屋现状情况分析界面

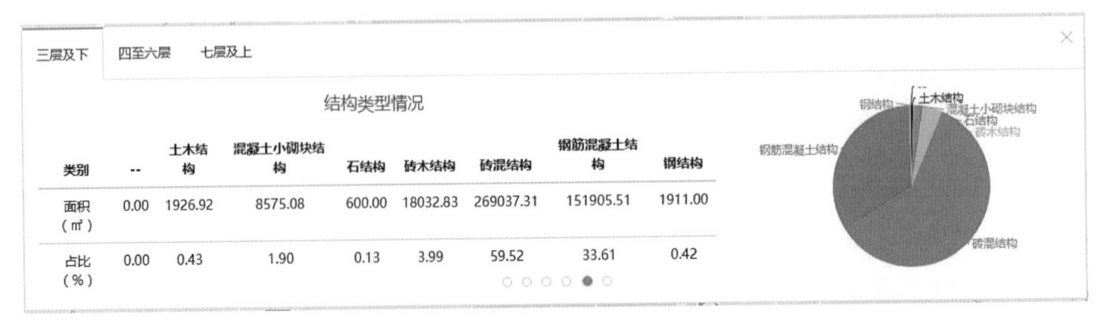

类别	--	土木结构	混凝土小砌块结构	石结构	砖木结构	砖混结构	钢筋混凝土结构	钢结构
面积（㎡）	0.00	1926.92	8575.08	600.00	18032.83	269037.31	151905.51	1911.00
占比（%）	0.00	0.43	1.90	0.13	3.99	59.52	33.61	0.42

图 8-41　结构类型情况分析界面

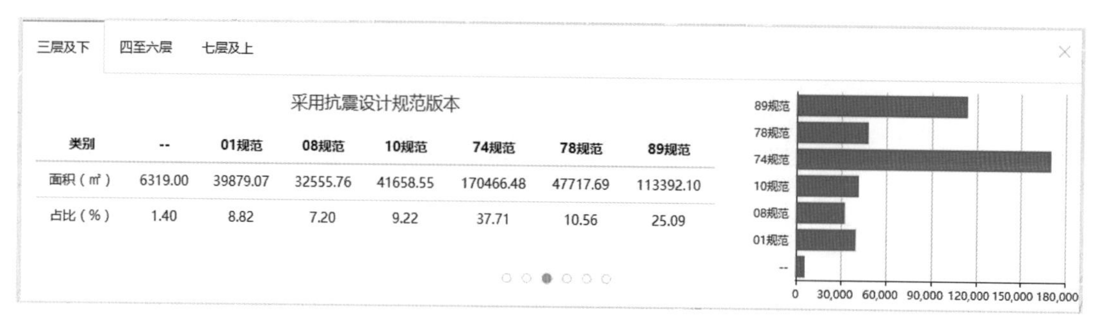

类别	--	01规范	08规范	10规范	74规范	78规范	89规范
面积（㎡）	6319.00	39879.07	32555.76	41658.55	170466.48	47717.69	113392.10
占比（%）	1.40	8.82	7.20	9.22	37.71	10.56	25.09

图 8–42　采用抗震设计规范版本分析界面

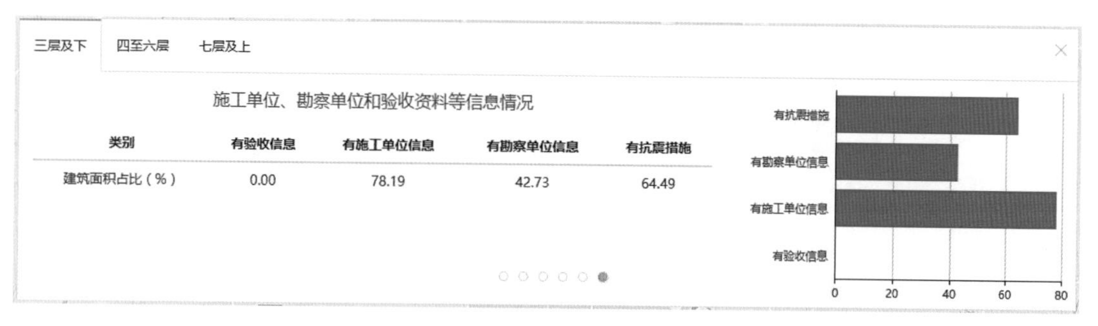

类别	有验收信息	有施工单位信息	有勘察单位信息	有抗震措施
建筑面积占比（%）	0.00	78.19	42.73	64.49

图 8–43　施工单位、勘察单位和验收资料等信息情况分析界面

8.4 结论建议模块

结论建议模块主要从建筑物抗震结构措施采用情况及抗震设防级别进行综合评估分析。

8.4.1 按抗震结构措施采用情况分析

以建筑物是否采用抗震措施为分析因子，分析普查数据在建筑用途、建筑年代、设防级别、建筑高度等方面的分布情况，并在地图上展示。

在按抗震措施评估界面中，系统主要提供了：按建筑高度评估建筑物有无抗震措施统计、按建筑年代评估建筑物有无抗震措施统计、按建筑用途评估建筑物有无抗震措施统计、按设防类别评估建筑物有无抗震措施统计、按行政区划评估建筑物有无抗震措施统计、抗震措施综合评估——按面积、抗震措施综合评估或按数量（图 8–44）。

在该模块中，可根据不同便签页进行切换，来查看相应的图表信息，如：

- 建筑高度评估（图 8–45）。
- 建造年代评估（图 8–46）。
- 建筑结构评估（图 8–47）。
- 设防类别评估（图 8–48）。

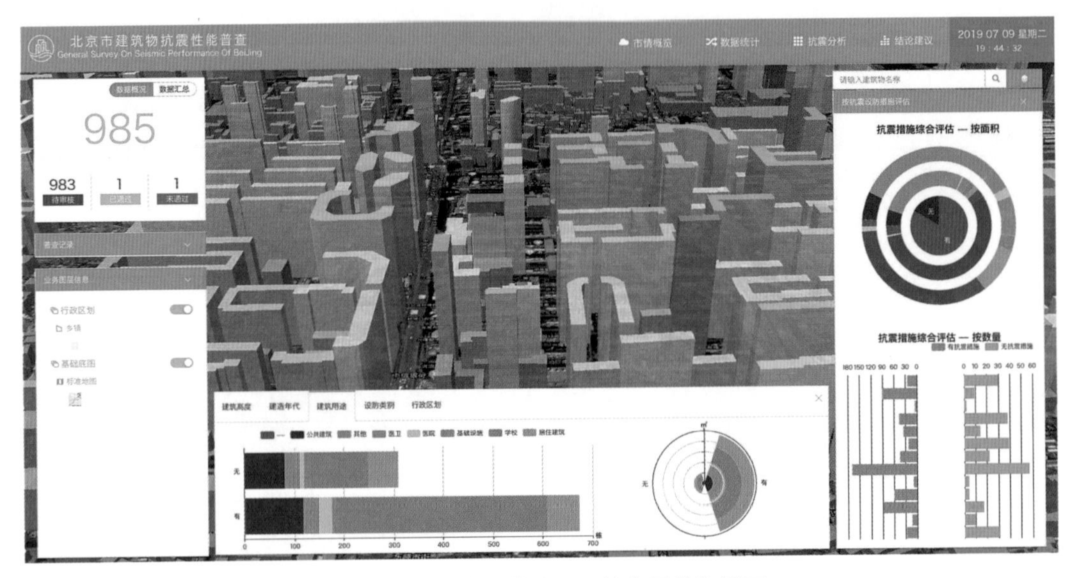

图 8-44　结论建议模块——按抗震措施界面

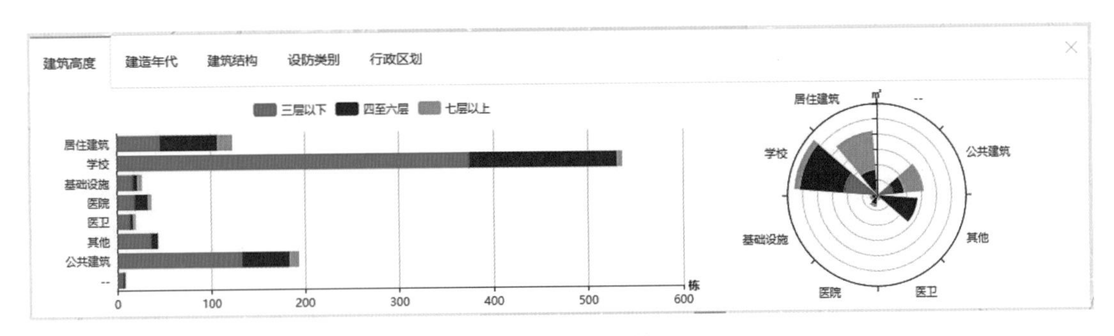

图 8-45　建筑高度评估界面

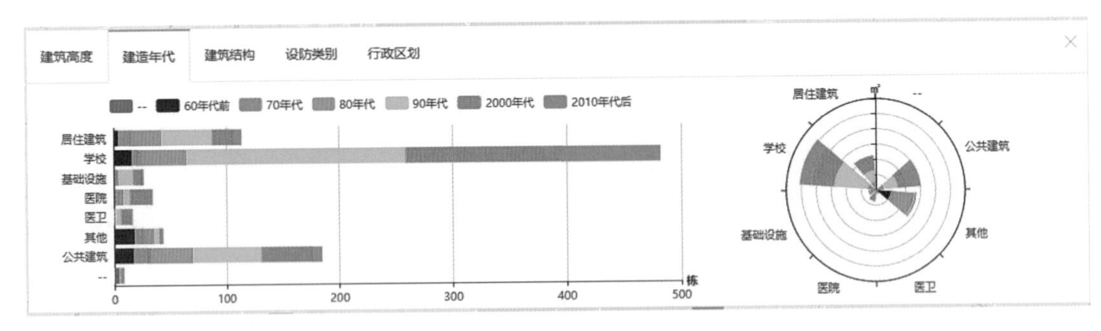

图 8-46　建造年代评估界面

8.4.2 按抗震设防级别分析

以建筑物设防级别为分析因子，分析普查数据在建筑用途、建筑年代、建筑高度、行政区划等方面的分布情况，并在地图上展示。

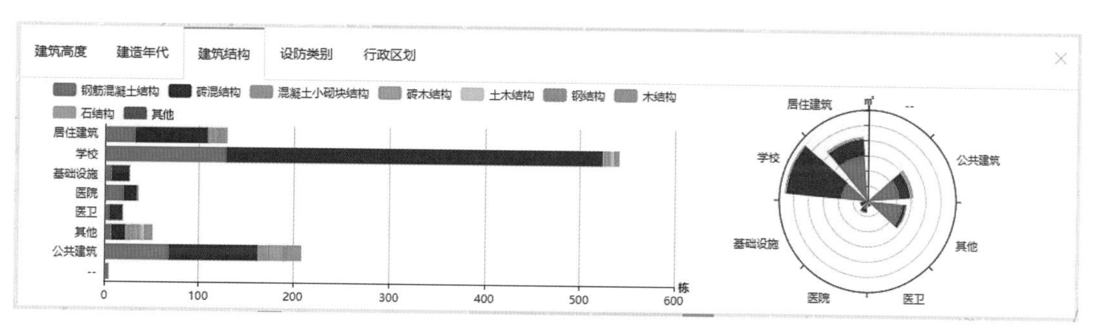

图 8-47　建筑结构评估界面

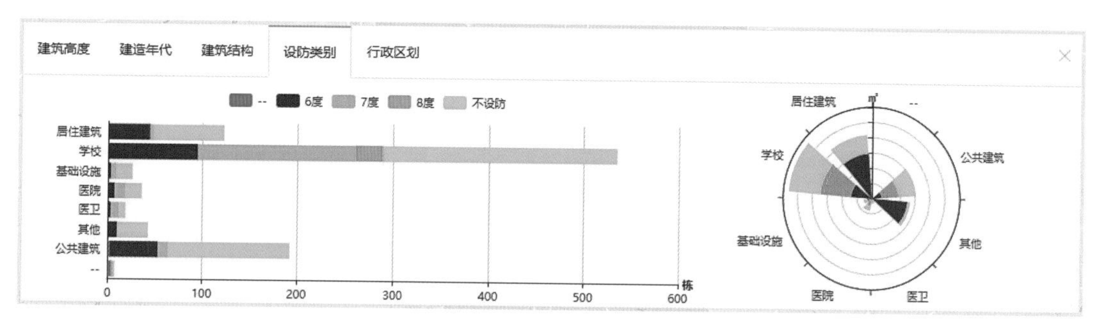

图 8-48　设防类别评估界面

在按设防级别评估界面中，系统主要提供了：按建筑高度评估建筑物不同设防级别统计、按建筑年代评估建筑物不同设防级别统计、按建筑用途评估建筑物不同设防级别统计、按行政区划评估建筑物不同设防级别统计、设防情况综合评估——按面积、设防情况综合评估或按数量（图 8-49）。

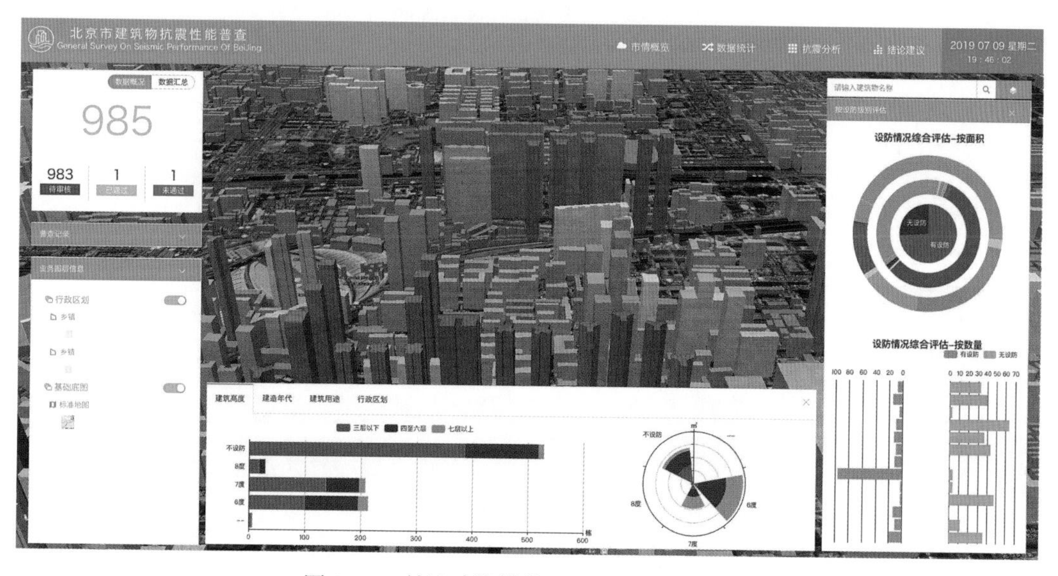

图 8-49　结论建议模块——按设防级别界面

在该模块中，可根据不同便签页进行切换，来查看相应的图表信息，如：

- 建筑高度评估（图 8–50）。

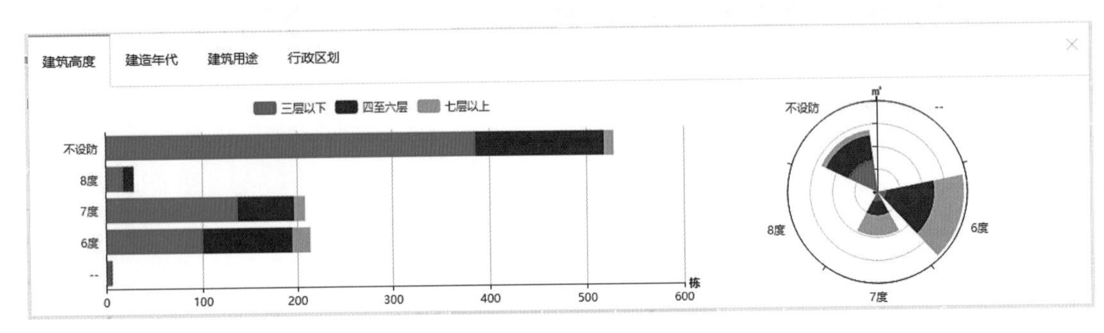

图 8–50　建筑高度评估界面

- 建造年代评估（图 8–51）。

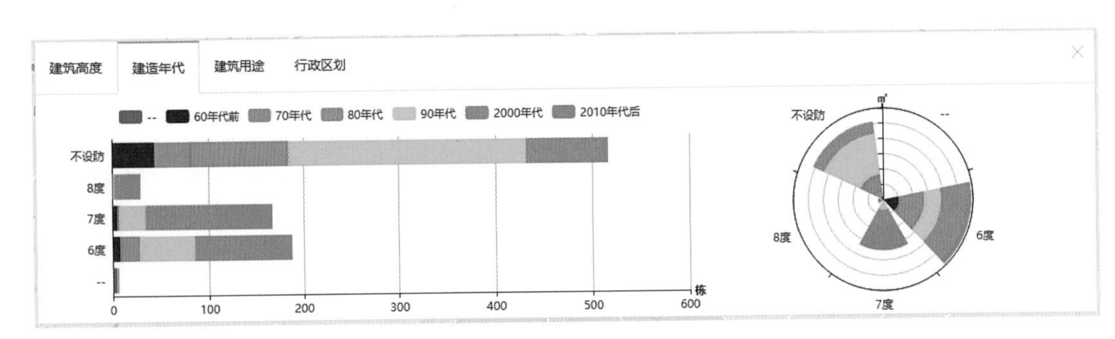

图 8–51　建造年代评估界面

- 建筑用途评估（图 8–52）。

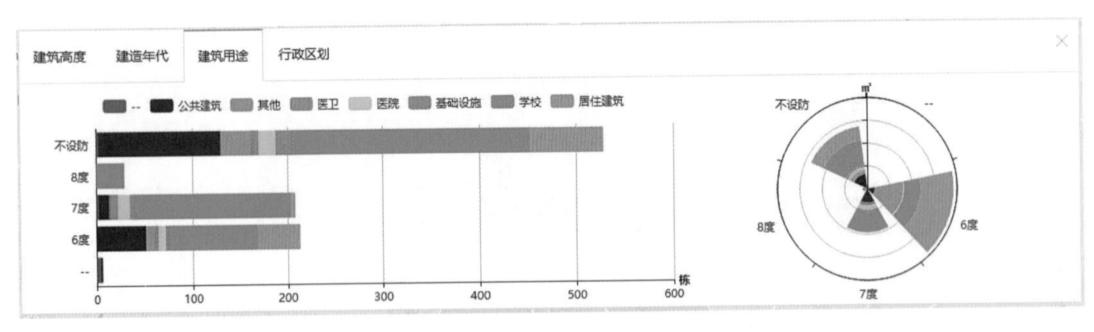

图 8–52　建筑用途评估界面

第9章

平台关键技术及运行环境

北京一体化建筑物抗震性能普查平台建设，在进行充分准备、合理设计、有效建设的基础上，充分吸纳和采用了目前的最新技术和理念，使得平台建设的支撑和服务功能具有前瞻性和延续性。

平台建设采用了面向服务架构模式，实现了多级节点之间横向和纵向的互联互通；利用矢量切片地图服务，实现了动态的可交互的地图展示方式；采用了基于 NodeJS 的企业级框架——Egg.js，让平台高度灵活，功能强大，并且稳定、高效、扩展性高；基于 MongoDB 副本集的容灾备份，可以有效防止单个数据库服务器的丢失。再加上良好的硬件环境和软件环境，为北京一体化建筑物抗震性能普查平台建设和运行提供了有力的保障。

9.1 平台关键技术

9.1.1 面向服务架构

面向服务架构（Service Oriented Architecture，SOA）是一种 IT 架构设计模式。通过这种设计，用户的业务可以被直接转换成为能够通过网络访问的一组相互连接的服务模块。这个网络可以是本地的或者是互联网。面向服务架构所强调的是将业务直接映射到模块化的信息服务，并且最大程度地重用 IT 资产，尤其是软件资产。当使用面向服务架构来实现业务时，用户可以快速创建合适自己的商业应用，并通过流程管理技术来加速业务的处理，促进业务创新。面向服务架构还可以为用户屏蔽掉运行平台及数据来源上的差异，从而使得 IT 系统能够以一种统一的方式提供服务。

面向服务架构为平台中的资源与服务的组织方式提供了可行的方案。平台依赖面向服务架构的思想，通过标准化、流程化和自动化的松耦合组件为用户提供服务。不过，平台架构将不仅是一种设计架构的模式或方法，而是一个完整的应用运行平台，基于面向服务架构思想构建的解决方案将在平台中运行，服务于平台内 / 外的用户。

在此架构下的 GIS 平台，发布的服务不仅需要支持 Web 2.0 的标准服务结构，针对空间数据的特点，还需要支持 OGC 标准，以满足日常 GIS 应用中各种服务的共享，也是实现了多级节点之间横向和纵向互联互通的基础。

9.1.2 基于矢量切片的地图

矢量切片地图是一种利用一些新技术来控制动态的可交互的地图新的展示方式，这种新技术可以让个人在移动端或者浏览器端自定义个性化的地图样式，如图 9–1 所示。人们可以动态的赋予基础底图样式以及通过配合可交互的工作数据来设计底图样式，根据内容进行智能制图和实时分析并展示在基础地图上。

通俗地讲，矢量切片就是将矢量数据以建立金字塔的方式，像栅格切片那样分割成一个一个描述性文件，以 GeoJson 格式或者以 PBF（Google Protocol Buffers）等自定义格式组织和编码，然后在前端根据显示需要按需请求不同的矢量瓦片数据进行 Web 绘图。

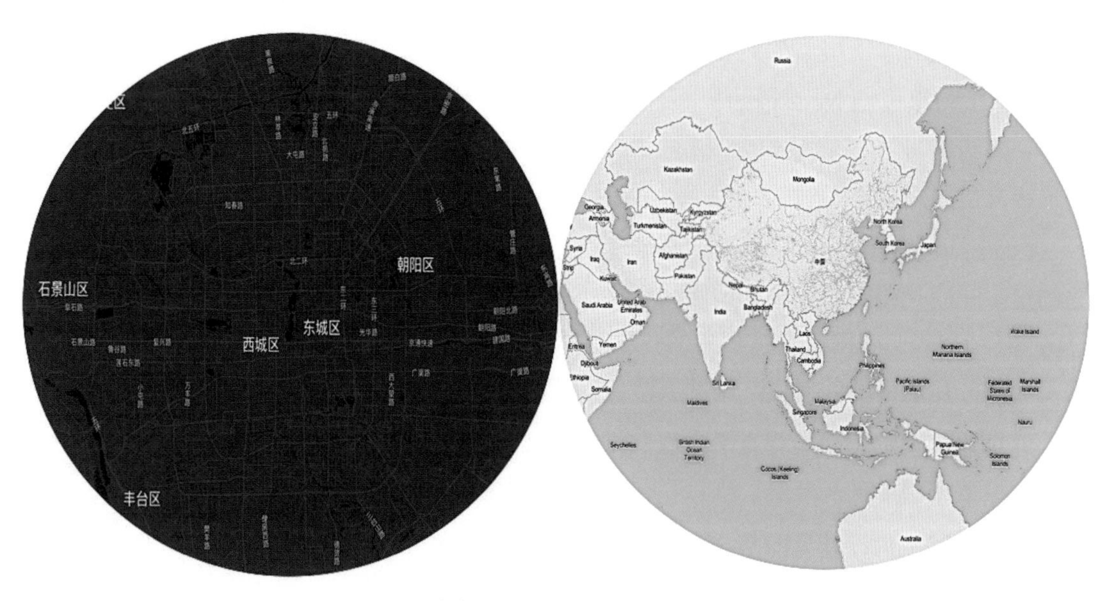

图 9-1　矢量切片地图

基于矢量切片技术，我们构建符合本次建筑物抗震性能普查的基础底图，如图 9-2 所示。

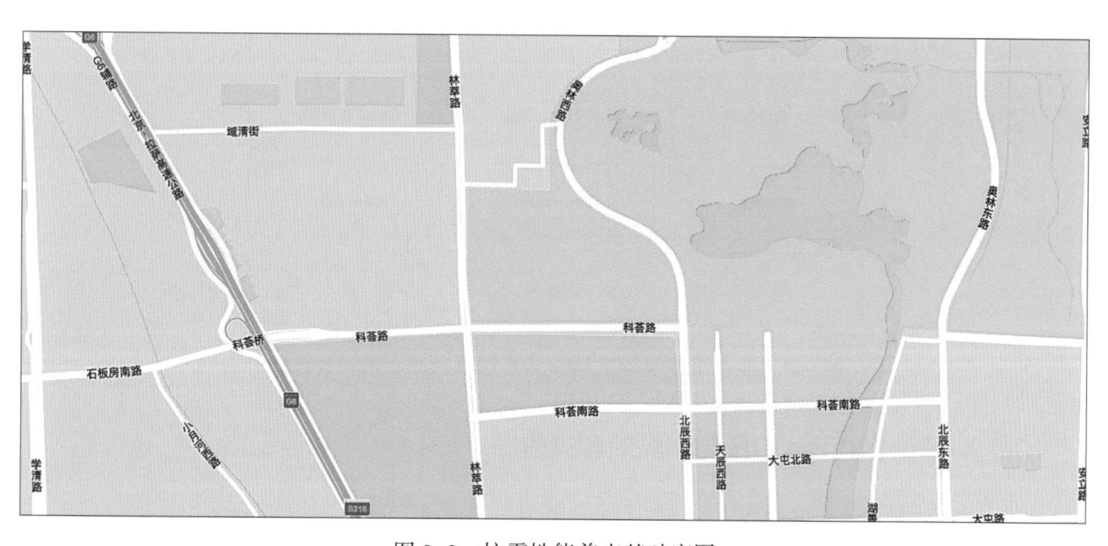

图 9-2　抗震性能普查基础底图

9.1.3 基于 NodeJS 的企业级框架——Egg.js

北京建筑物抗震性能普查需满足全市 150 个街道、143 个建制镇、38 个建制乡、3054 个社区同步开展普查工作，涉及的普查数据达几百万，针对“高并发”、大数据量下的快速响应问题，平台采用了基于 NodeJS 的企业级框架——Egg.js。

Egg 是阿里巴巴 Node.js 的核心基础框架，面向企业级的 Web 基础框架领域，沉淀自阿里在各行各业不同领域的大规模工程实践经验，稳定支撑了多年天猫“双 11”大促销等顶级流量压力。

Egg 继承于 Koa，在它的模型基础上，进一步进行了一些增强，相较于 Koa，Egg 首先约定了一套代码目录结构，清晰地定义了从配置、路由、扩展、中间件到控制器、定时任务等各个 Web 应用研发过程中的一些最基础概念。同时，Egg 采用微核 + 插件体系，本身大部分功能由插件提供，高度灵活，功能强大，并且稳定、高效、扩展性高。

北京建筑物抗震性能普查平台底层采用 Egg.js 框架，打造了高质量的 Restful API，较好地支撑了相关业务的开展。

平台底层架构设计见图 9–3。

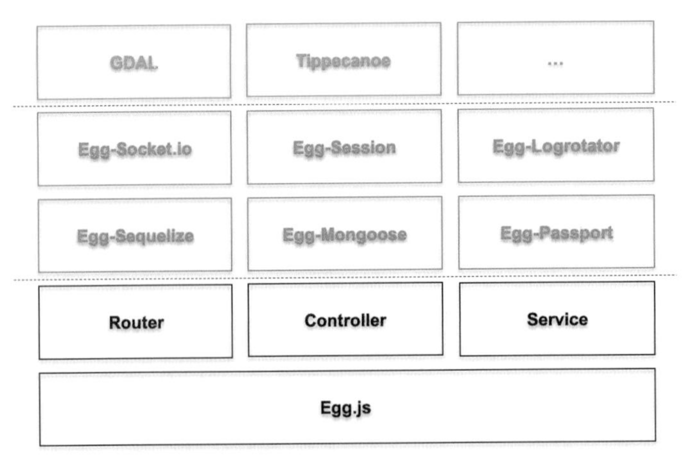

图 9–3　北京市建筑物抗震性能普查平台底层架构设计图

9.1.4 基于 Mongo DB 副本集的容灾备份

建筑物抗震性能普查数据是本次项目最重要的成果和资产，构建高可用、高稳定的数据库体系，并进行容灾备份设计，十分必要。

Mongo DB 中的副本集是一组保持相同数据集的 mongod 进程。副本集提供冗余和高可用性，是所有生产部署的基础。副本集复制提供冗余并增加数据可用性。在不同数据库服务器上有多个数据副本的情况下，复制可以提供一定的容错能力，以防止单个数据库服务器的丢失。

副本集是一组保持相同数据集的 mongod 实例，副本集包含多个数据承载节点和可选的一个仲裁节点。在数据承载节点中，只有一个成员被认为是主节点，而其他节点被认为是次节点，在复制集中，主节点是唯一能够接收写请求的节点。Mongo DB 在主节点上进行写操作，并会将这些操作记录到主节点的 oplog 中，从节点会将 oplog 复制到本机并将这些操作应用到其自己的数据集上，见图 9-4。

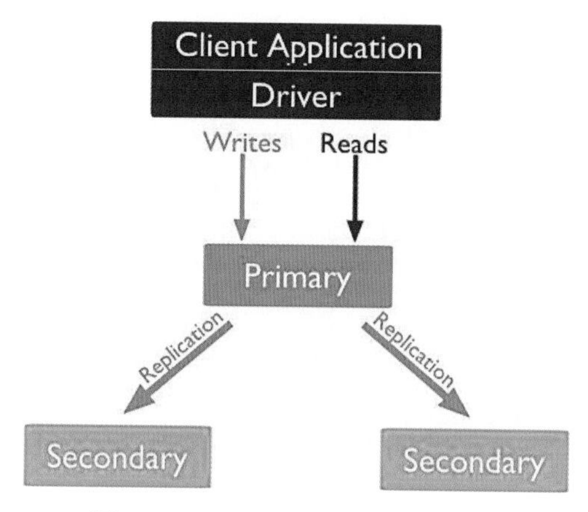

图 9-4　Mongo DB 主 / 从节点复制

平台基于副本集搭建了 1 主 2 从的容灾备份模式，其中主节点负责接收所有的写请求，然后把修改同步到所有 Secondary，副本节点主节点保持与主节点同样的数据集，仲裁者节点负责选主投票，见图 9-5。

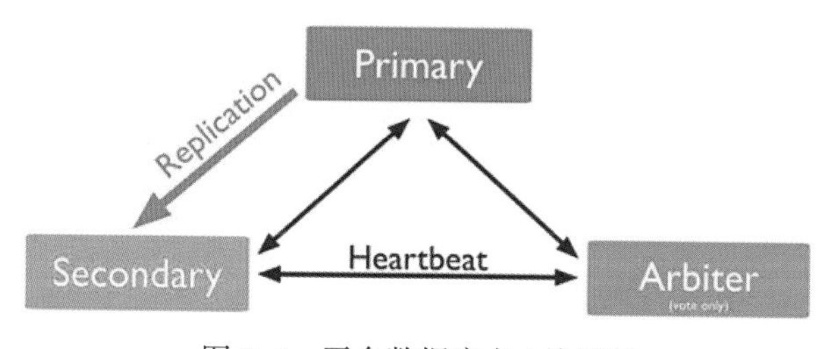

图 9-5　平台数据库主 / 从机制

9.2 平台运行环境

9.2.1 硬件环境

表 9-1 为北京市一体化建筑物抗震性能普查平台所需硬件环境配置表。

表 9-1　平台硬件配置表

名称		数量（台）	描述	规划用途
服务器	机架式服务器	1	物理服务器，配置 4U × 8 核，64G 内存，千兆自适应网卡	应用服务器
		2	物理服务器，配置 4U × 8 核，64G 内存，千兆自适应网卡	数据库服务器（主 / 备）
		1	物理服务器，配置 4U × 8 核，64G 内存，千兆自适应网卡	地图服务器
网络接入设备	核心交换机	1	冗余主控模块；冗余电源；48 端口千兆以太网电接口模块；24 端口千兆 / 百兆以太网光接口模块；交换路由引擎	平台核心交换机
	防火墙	1	整机吞吐量> 12G，最大并发连接数> 22 万，每秒最大新建连接数 10 万	
	入侵防御	/	整机吞吐量> 10G，最大并发连接数> 15 万	
附属设施	机柜	/	标准 42U，高 1999mm，宽 608mm，厚 999mm，重 170kg，最大负载 907kg	
	机架式液晶屏套件	/	服务器客户端显示控制	

9.2.2 软件平台环境

表 9-2 为北京市一体化建筑物抗震性能普查平台所需软件环境配置表。

表 9-2　软件配置列表

软件类型		用途
中间件	Tomcat7.0	应用服务器中间件
	Node.js	应用服务器中间件
数据库	Postgre GIS	空间数据存储
	MongoDB4.0	切片数据存储
Java	JDK1.7	基础编译支撑环境

参考文献

陈崇成，林剑峰，吴小竹，巫建伟，连惠群，2013. 基于 NoSQL 的海量空间数据云存储与服务方法 [J]. 地球信息科学学报，15(02): 166-174.

方昆，邱小波，金宏斌，2014. 基于Google Earth影像地图数据获取的研究 [J]. 信息技术，(04): 96-99.

冯超政，蒋溢，何军，马祥均，2017. 基于冷热数据的 MongoDB 自动分片机制 [J]. 计算机工程，43(03): 7-10+17.

高锐，2016. 基于 MongoDB 的黑河流域时空数据云存储关键技术研究 [D]. 兰州大学 .

郝敏，刘晶波，2008. 城市防震减灾规划研究综述 [J]. 自然灾害学报，(05): 40-46.

何猛，蔡忠亮，任福，2015. 移动地图中的矢量瓦片组织方法研究 [J]. 测绘地理信息，40(02): 74-76.

侯贵亮，郝伟涛，2017. 航空摄影测量技术在数字化地形测绘中的应用 [J]. 建设科技，(16): 42-43.

胡晨希，刘会侠，乐鹏，王艳东，2010. 一种可扩展的线性可排序四叉树空间索引 [J]. 测绘信息与工程，35(05): 1-3.

李朝奎，严雯英，杨武，陈果，2015. 三维城市模型数据划分及分布式存储方法 [J]. 地球信息科学学报，17(12): 1442-1449.

李德仁，张良培，夏桂松，2014. 遥感大数据自动分析与数据挖掘 [J]. 测绘学报，43(12): 1211-1216.

李宏志，董素静，王书涵，黎良财，吴石磊，2012. 浅谈 Google Earth 在数字林业上的应用现状及发展前景 [J]. 河北林业科技，(04): 54-55.

李延兴，2001. RS 与 GIS 技术在抗震救灾工作中的应用研究 [J]. 城市与减灾，(06): 35-37.

陆新征，曾翔，许镇，杨哲飚，程庆乐，谢昭波，熊琛，2017. 建设地震韧性城市所面临的挑战 [J]. 城市与减灾，(04): 29-34.

罗增炎，2011. 基于 Google Earth 的林业基本图制作 [J]. 林业勘察设计，(01): 96-99.

宁宝坤，曲国胜，张宁，李亦纲，2004. IKONOS 卫星影像在城市防震减灾及震害评价中的应用研究 [J]. 地震地质，(01): 161-168.

彭瑾，熊伟，吴烨，陈荦，2017. 可扩展的分布式矢量空间数据库集群原型系统研究 [J]. 地理信息世界，24(01): 59-64.

秦强，王晏民，黄明，2015. 基于 MongoDB 的海量遥感影像大数据存储 [J]. 北京建筑大学学报，31(01): 62-66.

饶庆云，丁晶晶，苏乐乐，谷永权，夏良晖，胡中南，2013. 基于云计算的分布式切图服务设计与实现 [J]. 测绘与空间地理信息，36(S1): 29-35.

沈迟，胡天新，2017. 韧性城市：化解城市灾害的新理念 [J]. 城市与减灾，(04): 1-4.

孙晨龙，霍亮，高泽辉，2016. 基于矢量瓦片的矢量数据组织方法研究 [J]. 测绘与空间地理信息，39(04): 122-124.

孙璐，陈荦，刘露，苏德国，2014. 一种面向服务器制图可视化的矢量数据多尺度组织方法 [J]. 计算机工程与科学，36(02): 226-232.

孙宁，2010. 面向高空间分辨率遥感影像的建筑物目标识别方法研究 [D]. 浙江大学.

孙颖，赵小阳，2009. GIS 技术在深圳市建筑物普查中的应用 [J]. 科技资讯，(01): 79.

王宁伟，郝大为，陆法潭，杨小兵，2005. GIS 技术在城市建筑物抗震普查中的应用——以沈阳地区为例 [J]. 沈阳建筑大学学报（自然科学版），(06): 658-662.

王胜，杨超，崔蔚，黄高攀，张明明，2016. 基于 MongoDB 的分布式缓存 [J]. 计算机系统应用，25(04): 97-101.

王晓琳，2014. MongoDB 中的海量数据动态平衡 [D]. 上海交通大学.

王亚平，蒲英霞，刘大伟，宋雪涛，2015. 基于 TileStache 的多源投影矢量数据瓦片生成技术研究 [J]. 地理信息世界，22(01): 77-81.

王自法，Sangjoon Park, Selina Lee, 崔凯，2014. 提高地震灾害损失估计精度的几点研究 [J]. 地震工程与工程振动，34(04): 110-114.

吴晨，朱庆，张叶廷，许伟平，周艳，2014. 基于 MongoDB 数据库的多时态地形数据存储管理优化方法 [J]. 地理信息世界，21(04): 37-42.

吴发云，徐泽鸿，杨雪清，2011. 国产遥感影像在森林资源调查和灾害评估中的应用产业化研究 [J]. 林业资源管理，(05): 112-117.

谢礼立，2006. 城市防震减灾能力的定义及评估方法 [J]. 地震工程与工程振动，(03): 1-10.

闫冬梅，2003. 基于特征融合的遥感影像典型线状目标提取技术研究 [D]. 中国科学院研究生院（遥感应用研究所）.

叶昆，李黎，张斐，2010. 武汉市城区建筑抗震性能评价系统的开发及研制 [J]. 华中科技大

学学报 (城市科学版), 27(04): 93-96.

尹之潜, 李树桢, 杨淑文, 赵直, 1990. 震害与地震损失的估计方法 [J]. 地震工程与工程振动, (01): 99-108.

俞波 , 2009. 城市空间信息普查及其数据系统构建——以福州市建筑物抗震性能普查为例 [J]. 福建建筑 , (06): 122-125.

翟国方 , 黄唯 , 2017. 开展韧性城市建设 让城市更安全宜居 [J]. 城市与减灾 , (04): 5-9.

张恩 , 张广弟 , 兰磊 , 2014. 基于 MongoDB 的海量空间数据存储和并行 [J]. 地理空间信息 , 12(01): 46-48+9.

张宏年 , 吴飞 , 蔡磊 , 杨川石 , 2017. 北京市第二次全国地名普查方法研究和实践 [J]. 北京测绘 , (S2): 29-32.

张建新 , 2016. 基于 Google Earth 土地承包经营权工作底图的制作 [J]. 测绘与空间地理信息 , 39(07): 201-202.

张尧 , 甘泉 , 刘建川 , 2014. 基于 MongoDB 的地理信息共享数据存储模型研究 [J]. 测绘 , 37(04): 147-150+172.

赵丹 , 杨兵 , 何永 , 黄弘 , 周睿 , 2019. 城市韧性评价指标体系探讨——以北京市为例 [J]. 城市与减灾 , (02): 29-34.

赵懂 , 何贞铭 , 沈体壮 , 孙钰 , 2014. GIS 在大数据时代下的发展 [J]. 电脑知识与技术 , 10(32): 7585-7587.

郑向向 , 2012. 基于 SMS 和 GIS 的地震灾情信息获取与处理研究 [D]. 中国地震局地震预测研究所 .

郑艳 , 2017. 新型城镇化背景下我国韧性城市建设的思考 [J]. 城市与减灾 , (04): 61-65.

周江 , 王伟平 , 孟丹 , 马灿 , 古晓艳 , 蒋杰 , 2014. 面向大数据分析的分布式文件系统关键技术 [J]. 计算机研究与发展 , 51(02): 382-394.

朱洁刚 , 2013. Google Earth 影像的自动配准研究 [D]. 浙江大学 .